ELEVATING CHILD CARE

A GUIDE TO RESPECTFUL PARENTING

不打罵也不寵壞孩子的

新時代教養法

相信、尊重、等待，讓孩子自信成長

JANET LANSBURY

珍娜・蘭斯柏 著

筆鹿工作室 譯

※本書原名《相信孩子的能力，從獨玩到自信成長：不打罵也不寵壞，瑪德葛柏教養法的第一堂課》，現易名為《不打罵也不寵壞孩子的新時代教養法：相信、尊重、等待，讓孩子自信成長》

推薦序

相信你的孩子——最重要，卻又最容易被忽略的教養原則

美國心理諮商師・美國賓州州立大學心理諮商博士候選人　留佩萱

因為《不打罵也不寵壞孩子的新時代教養法：相信、尊重、等待，讓孩子自信成長》這本書，我首次接觸到RIE教養原則（Resources for Infant Educators，嬰兒教養者資源，簡稱RIE）。作者珍娜・蘭斯柏用淺顯易懂的方式解釋她受RIE教養法啟發所建立的教養哲學，並融入她在RIE課程中與家長和嬰幼兒一起工作的實例。本書中的教養原則，都是我在從事心理諮商時與個案互動的方式，而讓我驚喜的是，這些原則也可以用來對待剛出生的寶寶。

身為一位心理諮商師，我信任與尊重每一位來到諮商室的案主（client）。在心理諮商的過程中，我相信「每一位案主都是自己的專家」——每一位案主

最了解自己需要什麼、想要什麼。諮商師的角色並不是作為一位「專家」來告訴案主該怎麼做，而是與案主一起合作，藉由我們專業的談話技巧促進對話與改變，讓案主自己解決問題。我在面對個案時都不斷地告訴自己"Meet Your Clients Where They Are"（在個案所在的位置與他們見面）。這句話的意思是，每一位案主都有自己的需求，在不同的階段，有不同的做事情方式和速度。諮商師尊重每一位案主，知道每一個人都是獨特的，不妄下結論與預設，相信每位案主可以照著自己的步伐前進，而不是幫他們訂好規則，或逼迫他們改變他們還沒準備好的事情。

「尊重、相信、按照需求照著自己的步伐前進」，這些我奉行為人與人相處的法則，就是RIE教養法的真諦——相信剛出生的嬰兒是一個獨特且完整的人，嬰兒有辦法表達與展現自己的需要，尊重嬰幼兒的需求，給嬰幼兒安全的空間自由發展。珍娜・蘭斯柏在書中詳細地示範如何在日常生活中運用這些原則，從雙向溝通、讓寶寶知道周遭及自己身上正在發生的事情、觀察寶寶的需要、放慢速度等待寶寶的回應、讓寶寶一起參與日常事務（例如換尿布、洗澡、吃飯）、接納孩子正面與負面的情緒、不干預寶寶獨自的玩樂空間，到讓孩子有機會自己解決問題。藉由本書三十篇短篇文章，珍娜・蘭斯柏用她親身的例子告訴讀者，這些都辦得到。

剛出生的嬰兒就是一個完整的人，雖然他們還沒有發展足夠的語言告訴大人自己需要什麼，但如果家長願意放慢速度，停下來好好觀察，就可以覺察孩子需要什麼。我認為「覺察」是家長在執行RIE教養法時，最重要的關鍵。近年來，Mindfulness（台灣翻譯為「正念」或「內觀」）在美國心理諮商與教育界受到非常大的重視，Mindfulness 的原則就是「覺察當下」，注意及感受當下情緒、反應、周遭環境，而不是匆忙完成事務而不自覺。很多時候，家長照顧嬰兒會變成「自動駕駛模式」，時間到了該換尿布、該餵奶、該洗澡、該睡覺，在做這些事情時熟練得就像反射動作，而忽略了去覺察寶寶的需求和情緒。唯有練習「覺察當下」，家長才能好好觀察、注意寶寶，進而回應嬰幼兒的需求。「覺察當下」也是自我照顧的第一步，家長能夠覺察自己的負面情緒、注意到身體的疲累，才能夠開始照顧與滿足自己的需求。而家長能夠好好調節自己的情緒和身心狀況，孩子才能在一個身心健康的環境下長大。

此外，珍娜・蘭斯柏在書中提到的許多方法也被其他領域所倡導，舉例來說，有研究顯示「兒童主導」的遊戲（非指導性遊戲）對孩子的社交情緒發展有許多正面影響；大腦科學也指出當孩子有情緒時，先和孩子連結（同理、接納孩子的情緒，幫孩子辨認情緒）能夠幫助大腦前額葉抑制杏仁核，幫助孩子平復情緒；研究也指出家長用正確的詞彙和孩子講話能夠幫助孩子語言的發展，因為嬰兒就是藉由聽家長的話語來學習使用語言。

雖然珍娜・蘭斯柏的ＲＩＥ教養課程是規劃給剛出生到兩歲的嬰幼兒，但書中提到的這些教養觀念卻是適合每一位家長用來對待任何年紀的孩子。從孩子一出生開始，信任、尊重你的孩子，讓孩子有機會去嘗試、體會，接納孩子的各種情緒而不剝奪他們經歷情緒的機會，傾聽孩子，觀察孩子，覺察每一個當下，好好照顧自我，這些就是家長能夠給孩子的，最珍貴的陪伴方式。

推薦序

做一位提供孩子安全感的家長

知名育兒達人　鈞媽

多數父母會害怕規律作息，與放任孩子哭泣，會讓嬰幼兒失去安全感，這本書很適時地解釋，真正讓嬰幼兒失去安全感的不是這些原因，而是沒有覺察孩子的觀點。

孩子擁有獨立的思考、慾望和需求，父母要明確辨別孩子發出的訊息，給予寶寶全心的關注。父母常會將子女當成自己掌握於手中的娃娃，忽略了孩子也是完整的個體，同時忽視孩子的意志，強迫孩子要服從自己。比方說，嬰兒玩得很開心時，媽媽為了盡快完成育兒任務就抓孩子來換尿布；等孩子年紀較大時，會忽略孩子的情緒發洩，強迫孩子不要哭，最常聽到的一句話就是：你不要再哭了。

以這種方式長大的孩子會失去安全感、獨立、自行解決困難的能力，更慘的是，孩子因為從父母身上得不到認同、感覺不到愛，長大自然很難跟父母有更深的連結。

台灣現在有許多人都在談論讓孩子擁有規律作息、自行入睡等較新式的育兒觀念，卻很少探討該怎麼建立、增進彼此的尊重與關係，這本書補足了這塊。

而另一種父母基於愛孩子，只要孩子哭就抱起來，忽略孩子真正想給父母的訊息，也忽略孩子有自己解決問題的能力和學習處理情緒、學習正向的力量，對孩子並無助益。

本書提到「黏人時期大多是孩子走向獨立發展的過渡時期（就像學走路）」，看到這裡時，我不禁會心一笑，回想起鈞（推薦者之子）九～十二個月大時經歷的分離焦慮，的確是我一站起來他就嚎啕大哭。但是如果我們認同孩子的感覺，不反應過度，告訴孩子我們要去哪裡，幾分鐘就回來，則孩子度過這段時期後，反而會建立對父母的信任，且有所成長。這本書貼心地提醒父母該如何與孩子建立信任。

這本書不只適合有嬰幼兒的父母，也很適合孩子年紀較大的父母。

前幾天，我發現鈞爸找我說話時，我會認真聽他說話和回應，但鈞跑來跟我談論他在學校的事情時，我卻對此感到不耐煩，且不專心地應付著他。看完這本書後，我才恍然大悟自己究竟犯了什麼錯：我沒有去認同、尊重鈞，沒有把他當成一個個體。於是在接下來的幾天，我把鈞當成一個個體，認真聽鈞在說什麼，這不只增加我們的母子之情，也使我得知更多鈞的心情與經歷。

我推薦所有的父母看這本書，了解珍娜・蘭斯柏受ＲＩＥ教養法啟發所建立的教養哲學。你會重新學到如何更關注、認同自己的孩子，如何看待孩子有益的哭泣，教導孩子獨玩，更能了解到嬰幼兒的發展（例如學上廁所、學坐等）是需要等待的。當孩子準備就緒時，自然就會做得更好，進而建立自信，使孩子的心靈健康成長。你也會了解到，無論是哪種育兒法都是一種方法，不會傷害到孩子的安全感與自信心，真正傷害孩子安全感的原因在於父母沒有認同、察覺與了解孩子。

讀者感言

「珍娜，妳的文章不僅改變我的生命，也挽回了我的家庭。我們現在已可與兒子歡度每一刻，不再每天算著他還要多久才會上床睡覺。這使我開心，充滿了希望。」

——珍妮佛

「我從沒看過自己七個月大的寶寶如此專注（如此不胡鬧），我發誓我真切感受到她的眼神訴說著『妳終於了解我要什麼了！』真的非常感謝妳！」

——潔西

「對我女兒的遊戲時間與身心發展，RIE教養法產生了很大的正面影響。現在無論年齡大小，我認為兒童都是完整的人，值得我們尊重。」

——克莉絲

「我要高興地宣布，珍娜·蘭斯柏的上廁所訓練，是最好的上廁所訓練方法！」

——伊莉莎白

「妳讓孩子學會守規矩的方法，是我的救星。小時候我被打屁股、被吼、被羞辱，我不希望自己的孩子有同樣的遭遇。感謝妳的文章，使我實踐了另一種教養方式，而且效果立竿見影。妳讓我敞開心胸，也讓孩子表現情感。我非常感謝妳的努力。」

——黛安

目錄

前言

找到育兒的熱情

為人父母是一生中最令人滿足的經驗，但也令人精疲力盡、挫折沮喪，完全不知所措。

人生第一次當媽媽所面臨的困境令我措手不及。一直以來我都期待成為一位母親，以為照顧小孩是我自然的天性，然而，等到真的為人母親，我才發現一切不如想像，我一點頭緒也沒有。

我的孩子非常可愛，但這輩子我從沒有如此疲倦迷失過，我好沮喪，覺得自己無能為力。原本應該給我明確指示的母性，從來沒有發揮具體功效。生活變得單調乏味，週而復始，我天天餵奶、拍嗝、換尿布、逗孩子、哄孩子（我女兒有無止盡的眼淚）。我拼命閱讀成堆的育兒書籍，卻找不到共鳴。

黔驢技窮之際，命運使我遇見了ＲＩＥ教養法（嬰兒教養者資源，Resources for Infant Educators）。這是一種尊重孩子的教養法，由育兒專家兼幼教先驅瑪德．葛柏（Magda Gerber）所創。我接觸這個教養法，便立刻開竅，像個溺水之人緊緊抓住救生圈。

接觸ＲＩＥ教養法不久，我的認知與經驗便徹底轉變。首先，我發現寶寶具有驚人的天賦：寶寶會自己學習而**不必**他人來教，會自動發展運動與認知技能，會溝通、會隨著年齡增長來面對不同的挑戰，甚至可以自主發起並引導遊戲，而且遊戲的時間越來越長……等。接著，我發現我之前費盡心力想要逗孩子開心，或猜測孩子的心思，其實已經浪費我大量的精力，反而造成了壓力。

帶孩子的那些年，葛柏女士成為我的親密戰友與人生導師，她的幼兒教養哲學激起我的熱情。我成為一位幼兒ＲＩＥ老師、擁有世界各地百萬讀者的知名部落客、個人教養顧問，最後，我成為了一位作家。

本書收錄廣受讀者肯定與分享轉載的三十篇文章，重點放在解析嬰幼兒教養的常見觀點，以及如何將「尊重」落實於教養。

在閱讀本書的過程中，你將不時看見葛柏女士的名字，幾乎每一頁都有引用她的觀點。而我的所知所述，除了來自她的智慧，還加上我的經驗，內容包括我在課程中接觸過的上百位嬰幼兒，以及我的三個孩子（我著書時他們分別為二十一歲，十七歲和十二歲）。

用一句話來說明ＲＩＥ教養法，就是「**覺察**孩子的觀點」。我們感受到且承認嬰幼兒是獨特而獨立的個體。我們給予嬰幼兒必要的空間，讓孩子自由發展、表現自我，使孩子自己向我們展現他們的需求。藉由這樣的觀察，我們將會越來越了解孩子。

同時，ＲＩＥ教養法也使我們更了解自己。透過敏銳的觀察，我們得以學會「不要直接跳到結論」，自以為孩子的吵鬧是因為無聊、冷、肚子餓，或是想要拿房間另一頭的玩具。

我們學會不要假設孩子哭鬧發脾氣，是因為他們想要你扶他們坐起來，或抱他們，也不是要你搖晃、哄他們睡覺。我們將發現嬰兒就像我們一樣，有時也想分享情感，但每一個孩子都需要我們的支持，才能以獨特的方式表現情感。

我們總是投射自己的意識，而不是確實辨別孩子發出的訊息。我們必須知道是我們為孩子建立了習慣（例如扶他們坐起來，或搖晃哄他們睡覺），接著這些習慣才形成孩子的需求，這是我們創造的人為需求，而不是孩子的天性，不是他們真正需要的。

簡而言之，RIE教養法要求我們兼用直覺與心智，仔細觀察與傾聽，再做出反應。

仔細的觀察足以證明我們的孩子擁有思想、慾望和需求，是有能力的獨立個體。只要發現這個真相，我們便不會走回頭路。引領激奮人心的新風潮、專攻嬰兒腦部研究的先進心理學家——艾莉森．高普尼克（AlisonGopnik）說過：「**為何長久以來，我們對嬰兒有如此多的誤解？**」這個問題也是我們必須思考的。

經驗豐富的葛柏女士，以及她的導師——小兒科醫師艾米．皮克勒（Emmi Pikler），她們在六十年前就已經明白，高普尼克的研究是**正確**的（如今，這已獲得證實）：嬰兒天生具有傑出的能力與獨特的天賦，能夠深入思考並表現情緒。皮克勒與葛柏皆拋棄視嬰兒為「小可愛」的成見，她們了解嬰兒，將嬰兒視為完整的人，尊重他們。

葛柏的ＲＩＥ教養法就是教你尊重孩子，這是對ＲＩＥ教養法最好的註解。方法如下：

1. **誠摯地溝通。**以真誠的聲音說話（對象是嬰幼兒，因此要放慢速度），使用正確的詞彙，說正確的句子，講真實的事物，尤其是與孩子直接相關的事物，或是**當下**正在發生的事。

2. **鼓勵孩子建立溝通技巧。**提出問題，並耐心等待孩子回應，無論孩子如何回應，一定要承認並肯定孩子。

3. **邀請孩子主動參與育兒活動**，例如換尿布、洗澡、吃飯、進行睡前慣例等，而且在活動期間你要給予孩子全部的注意力。你的參與以及全心關注可培養親子關係，且提供孩子所需的安全感，使孩子可以安心地全神投入自主獨玩。

4. **鼓勵孩子的自主獨玩，不干擾他們。**即使是最年幼的嬰兒，也需要自主獨玩的機會，父母只需要在旁細心觀察，除非必要否則不介入，你只需要相信孩子的遊戲選擇，這就是完美的親子關係。

5. **容許孩子跟隨自己的發育時間表，自然而然地發展運動與認知技能。**在一個資源豐富的環境中，提供孩子自主獨玩與運動的機會，而不能以教導和限制的方式，來干擾孩子自然的伸展過程。在孩子的成長發育過程中，我們的首要任務就是**信任**。

6. **重視孩子的內在動機與內在導向**（意指讓孩子跟著自己的需求，以自己的腳步發展、行動），認同孩子的努力，但避免過度讚美。我們相信，孩子比我們更了解自己，因此我們讓孩子自主帶領遊戲、選擇多種活動，而非將我們的興趣投射在孩子身上。

7. **鼓勵孩子表達自己的情緒**，心胸開放地接受並認同這些情緒。

8. **孩子需要有信心和同理心的領導人，以及明確的界線與規範**，但不要給孩子羞辱、困惑、處罰與反省時間。

9. **讓孩子解決問題**。在我們的支持下，藉由適齡的衝突得到經驗與學習。

10. **了解父母身為典範的力量**。孩子透過我們的隻字片語來學習，也透過我們對於愛、人際關係、同理心、寬容、感恩、耐心、忍耐、仁慈、誠實、尊重的行動來學習。更重要的是，孩子也在了解自己，自己的能力、價值，以及在父母心中的位置、在這世界的地位。

我非常感激瑪德・葛柏與RIE教養法，讓我與孩子建立起深厚的信任與相互尊重的關係。尊重與信任會回饋於你：你付出尊重與信任，孩子也會尊重、信任你。正如瑪德對我保證的：我不僅能以愛來養育孩子，更能成為「喜愛陪伴孩子的人」。

瑪德在二〇〇七年去世，享年九十多歲。我每天都想到她，她也持續鼓勵著我的生活與工作。我想念她。

第1章

寶寶無法告訴你的事（從出生開始）

多年前，我突然發現自己三個月大的寶寶是一個「真正的人」，這令我十分震驚，且徹底醒悟。我帶她去上RIE教養課程，老師要我把她放在我身邊的一條毯子上。寶寶整整仰躺了兩個小時，她安安靜靜、帶有警覺心、融入團體又泰然自若，一點也不吵鬧，但我可以感覺到她存在的力量。不慌亂而充滿自信的她令二十一歲的我禁不住吃驚。

我在那堂課上首度發現，她不僅是我的寶寶，還是一個完整的「人」，有自己的心智，而我想要了解她在想什麼。寶寶的需求與你我無異，其他父母可能一開始就領悟到這一點了，但是我沒有。

若是沒有那一瞬間的醒悟，我不敢確定自己何時才會把需要被照顧的嬰兒看成一個人，想必要等到她開始走路、我聽得懂她說的話，或者至少要等到她能用肢體動作來與我溝通的時候吧。理智上，我知道完整的她就在我面前，但我還無法為她設身處地著想，沒有以同理心來對待她。

身為一個母親，我觀察了身邊幾百對親子的互動，所學到的最深刻教訓是：我們看待寶寶的方式，會塑造寶寶的個性與行為。舉例來說，假如我們相信寶寶是無助、依賴、向人索求的小可愛，那麼寶寶的行為將會驗證我們的想法，變得無助、依賴，總是在索求。

相對地，倘若我們把寶寶看成有能力、聰明、會反應的人，認為他們已經準備好參與生活、發起活動，接收並回應，努力與他們交流的我們，那麼我們將會發現，與他們溝通一點也不難。

我並不是說要把寶寶當成大人來看待，嬰兒需要嬰兒的生活，但是他們值得受到與成人相同的尊重。下面列舉對待寶寶的原則，由這些原則可知，寶寶與我們有相同的感受：

告訴寶寶正在發生什麼事。假如我中風了，變得像寶寶一樣需要依賴他人，我不能自理生活，也不能表達所想。那麼，我會希望有人在觸碰、擁抱、餵食、洗澡、沖水、穿衣、打針之前，先提醒我他要做什麼事。我想知道周遭正在發生的一切，尤其是直接與我的身體有關的事。我想要受邀去參與這些事情，好像我有能力去做一樣（例如，給我機會親手握住湯匙）。

第一次對無法回話的人說話，會令人尷尬，但是你很快就會習慣。寶寶很快便能接收到我們尊重他、想讓他參與活動的心意，他們的領悟速度出乎意料地快，簡直令人難以相信。而因為我們敞開了溝通的大門，所以雙方的交流才得以提早。

給予寶寶關注。就像你我一樣，寶寶需要所愛的人全心全意的關注，尤其是肢體接觸時（例如，哺乳）。每天不時全心全意地關注寶寶幾分鐘，比好幾個小時空洞的肢體接觸更有助於溝通。舉例來說，我和丈夫並肩坐在車裡，他卻沒完沒了地打電話，就會讓我覺得自己是隱形人，一點也不重要，而他不愛我、不珍惜我。

觸碰寶寶時，尤其是親密接觸（例如，看小兒科醫生、洗澡或換尿布），寶寶會想要參與其中，希望有人鼓勵他專注於眼前的活動，而不是要求他看向別處，忽略正在進行的事。

傾聽寶寶，別總是替寶寶決定。這是感情諮商師教大人的溝通方法，但也適用於寶寶。寶寶跟我們一樣想要人們傾聽自己的想法，而不是被改變。以下是寶寶的感受：請不要叫我安靜，安撫我的每一次哭泣。不要為了讓我不流淚，就往我嘴裡塞東西。我希望告訴你我的需求，而不是讓你自以為是地判斷我需要什麼。有時候我只是想在你懷裡哭泣，希望你了解我。請放輕鬆，我覺得你的存在給予我安慰，請你安靜傾聽，試著了解我。

讓寶寶創造並展開自己的活動。跟我們一樣，有時候寶寶喜歡黏著所愛的人一起展開冒險，但有時候希望可以做自己選擇的活動。給寶寶一個安靜、安全的地方，沒有圍欄，讓他自由移動身體、思考、做白日夢，完全不受限制。寶寶需要時間來了解奇妙的雙手如何運作，思考為什麼能感覺得到卻看不到微風。

儘管寶寶的所作所為看起來無足輕重，但其實寶寶非常忙碌（當寶寶專注於某件事，請不要為了換尿布而打擾他）。

寶寶喜歡知道你就在他的身邊，或在聽得到他叫喊的範圍內，以防他需要你。但請不要讓寶寶養成習慣，時時跟隨你，畢竟有如此多的事物還在等著寶寶自己去體驗。

注意寶寶喜歡做的事。讓寶寶向你展現，他是個多麼有趣的人。

坦率且相信寶寶。你沮喪的時候，不必對寶寶笑，坦率地對待寶寶；你做你自己，寶寶才能做自己，你們還有許多需要互相學習的地方，在一起雖然不見得總是很完美，但畢竟是真實的。當你因為擔心而不斷揣測未來的時候，寶寶會把你拉回現實。一定會。

第2章

與孩子連結

我對育兒、教養的種種細節都充滿興趣，但是我分享的建議都聚焦於一個目標：與孩子建立健康的關係。

要實現這個目標，我們任重道遠。我們與孩子的關係，將決定我們是否能輕鬆順利地教導孩子適當的行為，親子關係不健康可能使孩子困惑、氣餒，甚至使溝通效果不彰。這關乎我們的孩子是否有足夠的安全感，而能保持自我肯定和自信，這有助於發揮潛能。然而，最重要的或許是，我們的親子關係會永遠深植於孩子的心靈，成為孩子「愛的原型」，並在未來，成為孩子尋找親密關係的典範。

尤其是在嬰兒時期所產生的印象會終身難以磨滅。在孩子生命的頭一年，我們與孩子的每一次互動，都是加深親子連結的機會。若不注意親子互動，我們就會錯失這種珍貴的機會。有時候，不僅是錯失一個機會，更會產生距離、降低信任，甚至使孩子覺得自己被否定了。

「與孩子連結」代表我們不能受直覺、情緒與衝動擺布，必需先思考再行動。以下幾個常見的例子，正是造成我們無法與孩子連結的行為：

我們不想聽見哭泣聲。傾聽且認同孩子的情緒，可能會令家長覺得困難重重，但是要養育身心健康的孩子，讓孩子覺得自己與父母緊密連結，傾聽與認同卻是最基本的。

我們常將孩子的感受打折扣地說：「別害怕，那只是一隻小狗。」也常否定地說：「你又沒那麼痛！」「你又不是真的哭！」如果我們只會生氣地說：「好了，好了，夠了。」或者誤判嬰兒的哭聲，只忙著安撫，卻沒有傾聽和理解，都會使我們失去與孩子的連結。

因為情感是不受意志控制的（即使孩子的行為很像在假裝，我們又如何能斷定），所以我們的上述行為會教導孩子，他們沒有被所愛的人完全接納，造成孩子不能信任自己與自己的情感。

與孩子連結的秘訣在於陪伴與接受孩子，耐心傾聽、認同孩子。「認同孩子」永遠是正確的，絕對不會過分。我們可以對哭鬧的孩子說：「我們要走了，所以你很難過吧。這樣做會讓你特別難過呢！你玩得正開心，很想待久一點，我卻說要走了，所以你很傷心吧！」

我們不想當壞人。分散注意力是破壞親子連結的另一極端，然而我經常聽到人們建議這麼做，認為這是一種可以接受的嬰幼兒「轉移」工具。

分散注意力無法教導孩子適當的行為，只會使孩子在人生最關鍵的前幾年，無法與父母建立堅實的連結。所以分散注意力與賄賂、處罰（最不利於親子關係）等操縱手段一樣，都會威脅親子的互信關係，使親子無法產生連結。

孩子需要簡單、真實、同理而直接的反應，尤其是當他們在測試和學習「規範與界線」的時候。誠實面對孩子、了解孩子的觀點，也因此更可能造成孩子不滿的父母，會擔心自己成了壞人，但其實這樣做才能成為孩子信任的好人，孩子和這樣勇敢的父母在一起，才會覺得最親密、最安全。

我們為孩子的遊戲與學習努力。

「如果家長觀察、投入並享受孩子正在做的事，而不是忙著教導孩子做他們還做不到的事，那麼父母和孩子的生活都會輕鬆許多。」

——瑪德・葛柏

相信你的孩子，欣賞他們**正在**做的事情，會使你與孩子產生連結，將正面的訊息與感謝傳遞給孩子。

我再說一次，育兒的關鍵在於陪伴、接受孩子。孩子自己選擇的遊戲和學習方式通常比我們選的更好、更充足，孩子的所作所為總是特別適合當下的情況。

我兒子幾年前舉辦的生日派對是一個絕佳的例子，提醒我要捨棄既定規劃，並衡量什麼才是真正的價值。當天應兒子的要求，我們整個下午都忙著用蜘蛛網、鬼怪等可怕的東西來裝飾房子，並由我們的一位親密友人，亦即兒子敬愛的教父，來擔任ＤＪ。

但萬事就緒時，我兒子和各位小客人卻想出另一個計劃。他們把派對的小禮物螢光棒拿到戶外，在月光下，氣氛熱烈地互拋螢光棒一整晚。他們把自己發明的這個遊戲稱作「彩虹戰爭」。

對一些家庭而言，他們的行為或許會令人失望，但我們卻覺得很開心，慶幸這場成功的派對讓孩子玩得興高采烈。

我們沒有耐心應付誇張、過度戲劇化和無理取鬧的行為。幼兒的反應、情緒和行為可能看起來很誇張，也可能看起來很貪心、自我中心、過度敏感、無理取鬧、愛吹牛皮等。他們好像時常無意識地展現討人厭的舉動，只為了試探我們的反應。所以，我們會接受、理解他們，與他們站在同一邊嗎？其實，他們正需要我們如此反應。

我特別欣賞我課堂上的某位家長，她因為自知需要這方面的協助而來上課。她總是習慣（傳承自她的父母）自動為女兒的想法打折扣，但她發現「這麼做」其實是在違反自己的意願。舉例來說，如果她的女兒向她抱怨被其他孩子撞到，而她認為這點小事根本無關緊要，她可能會反射性地說：「噢，他不是故意的，沒關係。」

因此，我鼓勵她注意自己的反應，用另一種反應取而代之。我請她先認同孩子的看法與感受，藉此來陪伴、接受孩子，例如：「痛不痛？聽妳這麼說，我好難過。妳和彼得剛剛撞在一起啊？一定很痛吧！」如此微妙的差異，即可導致兩種相反的結果：與孩子產生連結，或忽視孩子。

我們想儘快完成育兒任務。換尿布、餵食、洗澡以及睡前陪伴，都是重要的時刻，我們必須放慢腳步，與孩子建立連結，因此我們要專心、把心放在孩子身上，邀請孩子一同參與這些活動，即使事情進行得不順利，也要這麼做；或者說，進行得不順利，更要這麼做。這些活動對建立親密關係來說很重要，不但可以加深親子連結，也能充實孩子的身心靈，因此我們一定要騰出時間。

經常有人問我：「我一天要餵奶七次，怎麼可能每次都專心投入？」或者：「我的小孩討厭換尿布，所以我必需分散他的注意力，趕快把尿布換好。」諷刺的是，這些行為都會削弱我們與孩子的連結。我們其實不需要給寶寶餵奶那麼多次，而是要更重視換尿布的過程。

「無論何時，照顧孩子絕對要全心全意投入。假如你總是三心二意，從不專心，孩子即會永遠得不到你的全心照顧。」

——瑪德・葛柏

因為孩子好像沒有在聽，我們便不表達愛、欣賞、感激與道歉。無論是嬰兒、幼兒、青少年，還是任何階段的孩子，都一定會注意到我們表現出來的情感，而這才能使親子產生連結。

舉例來說，有一次，我在接近尾聲的RIE嬰兒指導課程上，向所有家庭道別，那兩年來，我每週和所有家庭成員一起坐在地板上進行活動，這是我們的最後一堂課。我對兩歲大、意志堅定、可愛，偶爾愛發脾氣的瑪倫說，我好愛看她爬行和遊戲。那時，她不理不睬地走開了，但我還是繼續說，而就在我說完的那一刻，她突然轉過身，用最溫柔的擁抱和親吻，給了我驚喜。

第3章

開啟孩子心靈的鑰匙

請把這個詞寫在你的手心上：**認同**。

認同是能與任何年齡的孩子產生連結的神奇方法。即使你覺得孩子的感受與要求是荒謬、不合理、自我中心、錯誤的，還是要認同他們。認同能夠平息孩子的眼淚與怒氣，甚至能預防他們流淚、生氣。認同很單純，但經常超乎想像地具有挑戰性，特別是在你怒火中燒的時候。

認同不是同意或赦免孩子的一切行為，而是承認行為背後的感受。認同是一種簡單而深入的方式，可反映孩子的經驗與內在自我，顯示我們的理解與接受。認同傳遞一個強烈而堅定的訊息：一切想法、慾望與感覺，包括身心靈的所有表現，都能被完全接受，被重視，被愛。

認同很單純卻不容易，即使做過幾千次，依然與多數人的直覺背道而馳。認同孩子的索求，難道不會使問題惡化嗎？「我知道你好想跟朋友一樣吃甜筒冰淇淋，那看起來真好吃，但我們等一下才會吃甜點。」這樣說難道不會使孩子僵持於這個念頭更久，哭得更凶嗎？解除或打消孩子的感受，使他們分散、轉移注意力，或者對他們說：「甜心，現在不行。」難道不是更好的辦法嗎？

我們幾乎是毫無理由地害怕認同事物的真實狀況。自己的感受被傾聽與理解，可使孩子釋放情緒、放下它，再繼續前進。

認同孩子的真實感受所帶來的結果，絕對值得我們主動去努力，理由如下：

認同能平息淚水與怒氣。我親眼見證過很多次，當孩子因為受傷而難過、與其他孩子爭執，或與家長對抗而生氣時，面對孩子所發生的事，接受他受傷了、很受挫或生氣的感受，可以神奇地撫平傷痛。知道自己「被理解」，是一件力量強大的事。

以認同孩子取代批判與「糾正」，能夠培養信任，並鼓勵孩子分享自己的感受。父母和照顧孩子的人，對孩子有很大的影響力，他們的反應會特別衝擊年幼的孩子。假如我們對孩子說沒必要難過或擔心，藉此來安撫孩子，那麼孩子可能變得不願意表達感受。我們育兒的目標想必是使孩子的身心靈健康吧，在達成目標之前我們必須保持良性的溝通，而認同即是最好的方法。你只需說：「爸爸離開了，你很難過吧。」即可讓孩子覺得自己被理解了。

我有一個女兒正處於青少年時期，最近她因為最好的朋友說謊背叛了她，而與我分享她的憤怒與傷心。這時，我不去指責她朋友的錯誤，也不說女兒值得擁有更好的朋友，我只是傾聽、認同女兒的傷心和失望。這麼做對我來說可不容易呀！

這個經驗對我來說是很痛苦的，但我很重視這次機會，因為我的女兒相信我，願意說出她內心深處的感受，而我願意盡全力鼓勵她再度與我分享，所以我選擇這麼做（我女兒最後發現自己的侷限，與那位最好的朋友恢復了友誼，我很高興當時我有管住自己的嘴巴）。

認同不僅可提高孩子的EQ（情緒智力，emotional intelligence）**，還能促進語言能力的發展。**我們以語言陳述孩子的感受和想望，會使他們的思緒更清楚。但除非你很確定，否則不要武斷地「指認」他們的感受，寧願用「沮喪」、「困擾」等較緩和的形容詞，也不要突然拉高層級地說「害怕」、「憤怒」等字詞，以免激化孩子的情緒。

如果你摸不清孩子的感受，你可以問：「你是不是因為喬伊不讓你用他的積木，所以生氣了？」或是：「狗叫很可怕嗎？還是你只是嚇一跳？」

與嬰幼兒、各年齡層的孩子，談論發生在他們身上的真實事件，是他們學習語言最強力、最有意義、最自然的方式。

認同幫助我們理解和同理。在陳述且認同孩子的觀點之前，我們必須先看清孩子的感受，由此可知，認同可以幫助我們釐清狀況。當我們說：「你想要我繼續跟你一起玩這個有趣的遊戲，但是我好累，玩不下去了。」我們即增進了同理心，更能認同孩子的觀點，相對地，孩子也增進了同理心，更能認同父母的觀點。

認同孩子的處境再提問題（尤其是當我們不知道孩子沮喪的原因時），能幫助我們解開孩子心底的秘密：「你很沮喪，看起來很不舒服，但你剛吃飽而且尿布是乾的，所以你可能要打嗝吧？好，我馬上抱你起來。」

認同孩子的奮鬥，可能就是使孩子繼續前進所需的全部鼓勵。一個單純的認同便能產生神奇的作用。不要說「你做得到」，這會造成壓力，讓孩子相信他使我們失望了。你不妨說：「你很努力而且正在進步。這很困難、很讓人挫折，是不是？」

以認同取代一味的讚美，有助於孩子保持內心的自我引導。我們只需忍住衝動，不要大聲喝采：「做得好！」而是微笑回應：「你把塑膠珠串拆開了，真不容易。」

「讓孩子內心的喜悅自動激發。你可以微笑，向孩子表達你的讚美，但應節制以免過度，請不要拍手，也不要大驚小怪，否則孩子會開始向外界尋求滿足感。他可能會對讚美上癮，變成一個渴望掌聲的表演者，而不是一個探索者。讚美還會干擾、打斷孩子的學習過程，使他暫停活動，把注意力聚焦在你身上，有時甚至不再繼續之前的活動。」

——瑪德．葛柏，《你的自信寶寶》（*Your Self-Confident Baby*）

認同證明了我們有在注意孩子，使孩子覺得被理解、接受、深愛與支持。難道你還需要更好的理由支持你認同孩子嗎？

「人們會忘記你說過的話，人們會忘記你做過的事，但是人們從不會忘記你令他們產生的感受。」

——瑪雅．安傑羅（Maya Angelou, 1928-2014，非洲裔美籍作家、詩人、舞者、演員及歌手）

「我們都需要他人的理解。」

——瑪德・葛柏

第4章

如何愛上換尿布

或許你會覺得我太感性，但我有一次真的因為換尿布而熱淚盈眶，事實上，光是回想就足以使我流淚。

那是皮克勒學院（The Pikler Institute）影片的一段場景。皮克勒學院是一家受大眾尊敬的孤兒院，位於匈牙利的布達佩斯，由小兒科醫生兼育兒專家——艾米．皮克勒博士（Dr.Emmi Pikler）所建立。那影片的鏡頭對準一個三週大、正準備換尿布的新生兒。影片中，保姆慢慢地說話，動作十分輕柔：「現在我要把你的雙腿提起來，我會移開下面的尿布。」她仔細說完每個動作，接著停頓一下，讓嬰兒有反應時間，可以參與接下來的動作。

幾分鐘後，這項精細的工作完成了。保姆對嬌小、毫無防備的小人兒說：

「我想你會喜歡這樣吧。」

換尿布是建立親密關係的最佳活動。只要改變觀點，我們就能把換尿布從困難、可怕的瑣事，變成使親子雙方都滿足的經驗。所以請珍惜換尿布的時刻，把它視為與孩子發展親密關係的大好機會。

換尿布時，記得放慢說話速度，讓孩子融入活動，而不是分散他的注意力。請邀請孩子協助你，讓你的手變成溫柔的「請求的雙手」，而不是匆忙的、有效率的雙手，這可使平淡無奇的工作，變成充實而滿足的享受。

這麼做並不容易，幼兒會試探我們，這對他們而言是理所當然的。如果我們的生活過得太順遂，表示孩子是不合格的。

以下的建議，可以使換尿布發揮最大的效用：

從一開始就要尊重孩子。我常看到家長攔截正在活動的孩子，直接從背後脫掉孩子的褲子，或者說：「唉呀，好臭！有人需要換尿布了！」此時我都會好驚訝，忍不住想問：「你喜歡被那樣對待嗎？假如你在公共場合放屁，我們會揮揮手、捏住鼻子，一把抓住你的褲子嗎？」

孩子在玩遊戲的時候不喜歡被打斷，而且大多數的換尿布都可以延後，等到嬰幼兒的遊戲空檔再進行。

請等到孩子的遊戲空檔，再慎重地說：「現在請讓我檢查你的尿布。」接著說：「我們要換尿布了。」假如孩子走開，你可以讓他選擇：「你想自己走到換尿布台，還是我抱你？」

假如他抗拒，你可能要給他多一點時間，對他說：「我知道你還在玩，五分鐘以後我們再換尿布吧。」幼兒渴望自主，我們尊重他們自己做決定的需求，他們便會更願意配合。

給予全心全意的、不分心的關注。當你全心投入當下的活動，孩子會有所回應，所以請放下其他掛念，給孩子幾分鐘的關注。你必須放慢動作，因為嬰兒再小也能察覺我們的匆忙和心不在焉，這會令他們緊張與抗拒，不願參與。我們緩慢而溫柔的撫觸，可使信任滋長。

如果孩子不專注，父母應認同他並等待。請這麼說：「你聽見警車鳴笛了吧，好大聲，我也聽見了，警車現在好像開走了。現在你準備好了嗎？我要解開你的睡衣囉。」或說：「你在哭，是因為我太快把你放下來嗎？你要我先抱你一下再開始嗎？」

提醒自己，你關注的是他一整個人，而不只是他的下半身。先提示他，再開始行動。我們不僅要尊重他，告訴他正在進行的事，還要鼓勵他運用所有感官（感受溼紙巾的擦拭，聆聽打開釦子的聲響）來理解我們的語言。

尋求孩子的協助。你會因孩子的反應而得到喜悅。只要你尋求孩子的協助，他很快就會在更衣時自己把手從袖子裡伸出來、收縮腹部肌肉助你抬起他的屁股，還會拿紙尿褲和尿布膏。

換尿布結束時，我們必需問孩子：「你準備好了嗎？我要把你抱起來了。」這樣孩子會學著伸出雙手回應。令人驚訝的是，聽到我們說要抱他們，即使是最年幼的嬰兒也會有反應，你可以看到孩子開始調整肌肉的角度和位置。

保持彈性，敞開心胸，接受所有可能性。當嬰兒的活動能力增加，便需要我們盡可能依照他們的需求來調整。嬰兒可能會想要趴著擦屁股，或換成四肢著地的姿勢；幼兒則可能想要站在墊子上換尿布。而你要持續邀請孩子參與，如果可以，盡量順應孩子的需求，依照孩子想要的方式來進行。

運用各種方法，讓孩子更參與其中。你可以請孩子自己拿溼紙巾擦拭、自己塗藥膏、自己穿脫尿布。任何年齡的孩子都希望有人信任他們，讓他們獨立自主。如果你能敞開心胸，接受所有可能，那麼你會驚訝孩子能做到許多事。

記住，你的目標是建立合作關係。難道每次換尿布的過程都是順利的嗎？當然不是！因為孩子非常需要安全感，所以我們時時都在接受考驗。

有時候，我們邁出的第一步是錯誤的。孩子或我們太疲累，都會讓整件事變成一團混亂，不但可能與孩子失去連結，在那一瞬間，我們甚至會不喜歡自己的孩子。而這些都只是育兒路上常見的顛簸。除了認同孩子，你最好也要接受這一切，你可以對孩子說：「喔！這次還真困難，對不對？」

正如露絲・安娜・哈蒙德（Ruth Anne Hammond）在她見解精闢的書《尊

重嬰兒：瑪德・葛柏的ＲＩＥ教養法新解》（*Respecting Babies:A New Look At Magda Gerber'sRIE Approach*）所解釋的：「假如（家長）大多以緩慢、溫和、專注傾聽的方式對待孩子，那麼孩子在情緒上即可應付家長偶爾的疏漏，甚至有助於讓孩子了解，自己的父母只是平凡人。」

換尿布不只是一項單純的育兒工作，不只可以保持孩子的乾淨衛生。我們的雙手指引孩子進入這個世界，假如我們的雙手緩慢、溫和地觸碰，並且「請求」而不是命令孩子合作，我們就會得到回報，得到結合信任與尊重的關係，並且深刻了解親子對彼此的重要性。

「我們發現，若母親的雙手動作緩慢、以禮相待，孩子通常是最滿足、最快樂的。」

——艾米・皮克勒博士

第5章

有益的悲傷

在課堂上，有一位媽媽（名為羅倫）要暫時離開教室去打一通電話。她憂心忡忡地朝門口走去，卻突然停下來問我：「我可以就這樣離開嗎？」因為她已經清楚地將自己的行動告知十個月大的特雷弗，於是我鼓勵她：「去吧！」特雷弗看到媽媽離開，哭了起來。我走近他，輕柔地說：「你媽媽出去了，她會回來。我知道你不想她離開。」

我只是認同特雷弗的觀點，便使他立刻安靜下來。他抽泣了一兩下，接著便極有耐心地坐著，盯著門口看，等待他的母親回來。

這種情形在接下來一週的課堂上重覆發生。羅倫告訴特雷弗：「我要去廁所。」接著試探地走出去。特雷弗哭了起來，我走過去跟他說：「你不想她離開吧，但她會回來。你媽媽離開了，你很難過，你不想要她走。你想要我把你抱起來嗎？」（他不要）這次特雷弗持續哭了一分鐘，這段時間似乎漫長得沒完沒了。我感覺到教室裡的每個人都很不安，我自己也一樣！最後特雷弗終於宣洩完畢。他安靜下來，靜靜地坐了一會兒，接著伸手去抓身旁的一顆球。

這次羅倫回來的時候，特雷弗正在玩球，但是他一看見媽媽就哭了出來，好像在抗議她離去的行為。羅倫坐在特雷弗旁邊，任由孩子抱怨，很快地，他便再度受周圍環境吸引。

沒有人喜歡聽見孩子的哭聲，即使只有幾秒鐘，哭聲都令大多數的成年人難以忍受。無論我們是父母、祖父母還是受僱的照護者，如果在我們的照顧下，孩子顯得不開心，我們就會很挫敗。我們想要讓哭泣的孩子分散注意力、破涕為笑，為了消除引發嬰兒哭泣的情緒，我們甚至願意用盡一切方法，但是請你自問：當所愛的人離開，我們難道不應該感到失落和悲傷嗎？

假設我們對待特雷弗的方式，只是順從我們不想聽到哭聲的本能，在特雷弗的母親離開，而他開始哭泣時，馬上對他說：「沒關係，沒關係！媽媽馬上就回來了！別哭……呼呼……呼呼。你看這顆球……抓住球，抓住球！耶！」

這樣的舉動一定會硬生生阻斷特雷弗的情緒爆發，他會停止哭泣。但是這麼做孩子會學到什麼呢？最重要的是，失落的感覺到哪裡去了？

我們把時間快轉到幾年後，特雷弗家裡備受寵愛的狗去世時。他的父母難以承受，特雷弗的哭泣更放大了他們的悲痛。於是父母會說：「特雷弗……沒關係，沒關係！別哭了……呼呼！沒事的，我們必須堅強，我們會再養一隻狗，一隻新的小狗！」

我母親最近去世了，這使我想要重新探討「悲傷的處理過程」。約翰·詹姆士與羅素·傅里曼，在《一個人的療癒》（*The Grief Recovery Handbook* by John W.James, Russell Friedman）亦適切地提到這個問題：「我們已學會如何獲取事物，卻沒學會失去時該怎麼做。」父母、朋友，甚至是整個社會，都鼓勵我們掩埋悲傷，而不是有效地處理。他們總說：別難過，放下失落，為了其他人，要堅強起來，保持忙碌！

我們從很小的時候開始，便接受了這些言語或非言語的建議，要我們如此處理悲傷。我們被要求忽視自己最真實的感受，我們必須壓抑感受、埋葬感受。我們的悲傷使身邊的人不安，他們便出於善意產生了這些想法，沒有人想看見我們難過，但這些建議只會漸漸破壞我們表達感受的能力，迫使我們用不完整的方式來處理悲傷和失落。

悲傷的人想要也需要被傾聽，而不是修正。但悲傷的人也想要得到其他人的贊同，因此才會想要表現出自己已經平復悲傷的樣子。我們壓抑和未解決的感受，會減少生活的喜悅，消耗我們的生命能量，這可能使我們轉向尋求藥物、酒精的慰藉，或沉迷於其他會上癮的行為。即使沒那麼嚴重，我們也會對失落和失望產生不自然的反應，繼續維持那些會威脅我們的未來與幸福的習慣。因此，學習如何處理最單純、最早期的悲傷，是最重要的。

在RIE課堂上，我們很幸運能在生命的初期便學習保持情緒健康。我思索孩子的悲傷源自何處時，想到了特雷弗——經歷所愛之人短暫離去的嬰兒。與父母分開的確是大多數孩童所遭遇的最早期失落，即使父母只是去隔壁房間而已。若我們小心處理這些情況，未來當孩子遭遇生命中的失落，我們或許便能將孩子引導到健康的方向。

孩子在生命初期會遭遇的另一種失落，出現在手足誕生之時。年長的孩子與主要照護者的關係，會因為新成員的加入而突變。無論父母如何機敏地處理這種情況，無論孩子表現得多麼「愛」新生的手足，這一切仍會造成悲傷。第三者迫使孩子重新建構他在這世界的地位，因此造成了巨大的失落。孩子得到信任和鼓勵，即可表達他們可能產生的所有負面感受，因此父母不要耗費精力於限制孩子的行為，力求孩子的表現完美，而應該容許孩子宣洩痛苦，如此孩子便能健康地釋放情緒，且一生受惠於此。

如果我們照顧的孩子感到失落、悲傷，無論這份情緒在我們看來多麼無足輕重，我們仍應幫助他抒發這種失落、釋放悲傷，這是我們的責任。瑪德・葛柏經常提醒學生：「有時候我們會獲得，有時候會失去。」

特雷弗和所有嬰兒都是獨立的個體，能以特殊而美好的方式排解、面對悲傷，這是無庸置疑的。只要給孩子機會，他們就會證明自己能夠表達真實的感受。假如我們給予空間和時間，讓他們表達痛苦的感受，而不是制止他們哭泣，假如我們能沉著堅定地克服自己的不安，我們的孩子便能確信他們的真實反應是會被接受的，也是適當的。

因此，孩子能自然而然地繼續體驗失落，學習處理情緒，知道失落並不是世界末日。這種正向力量非常重要，因為一旦採行，我們不僅可遠離失敗，也可為孩子提供最高標準的照顧——還有愛。

第6章

嬰兒與睡眠

「『睡覺』這兩個字，能將最想睡覺的寶寶吵醒。」

——瑪德．葛柏

瑪德．葛柏的這個主張，我們可能很難領悟，但近來的科學研究（Gopnik, Bloom, Spelke 等人主持）證實了瑪德在半世紀前的見解：寶寶耳聰目明的程度，令人驚嘆。他們能夠辨認重複講述的字詞，理解我們的弦外之音，感受我們的情感和態度。

透過我十多年來對嬰幼兒的觀察，我發現嬰幼兒有一種特殊傾向，會去抗拒父母的所有制式流程，我們極力向他們推銷的事物尤其令他們反感。

瑪德建議，父母對寶寶說「休息」一詞，而不要說「睡覺」，因為休息比較溫和，命令意味較低，而且對許多大人來說，睡覺具有某種模糊的負面意涵，稍有不慎，我們就可能將這個負面意涵傳遞給寶寶。

舉兩個我們最常用的短句為例，「去睡覺」聽起來像驅逐令，「睡著了」則透露著任人擺布的意味（還有些痛苦）。

如果我們對睡覺這件事抱持同情的態度，覺得「可憐的寶寶，時間到了就必須睡覺」，寶寶可能會情緒不穩，抗拒睡覺。而「喔，又要不得安寧了」這句話等於向寶寶開戰。若我們說：「你累了，還不快點去睡覺！」甚至會讓他們覺得我們很不耐煩。這些態度都使我們的寶寶不可能去做他們該做的事，更別提放鬆下來、什麼都不想地入睡。

關於寶寶的睡眠，最重要的就是要知道，睡眠反映育兒最重要的原則：寶寶什麼都知道，是一個有行為能力而完整的人。他們在聽，在注意，在吸收訊息，無論我們想不想要，他們都已準備好，在每一次的互動中（再細微的舉動都一樣）了解自己的父母與生命。

請你記住這個原則，並學習以下有關於寶寶和睡覺的微妙重點：

寶寶很容易受到過度刺激，因而過度疲倦。我們很容易低估寶寶的敏感度，但是請記住，他們還沒有發展出和我們一樣的過濾能力。

想像你的感官開關隨時調到最高，沒辦法調小或關掉。這種高覺察力可使寶寶成為傑出的資訊收集者，但也代表我們可以適應的環境，對寶寶來講可能過度刺激，而使他們過度疲倦。過度刺激與過度疲倦可能會造成寶寶鬧脾氣、哀鳴、哭泣、難以入睡、不易熟睡。

身為一個具有覺察力的寶寶是很令人高興的，但也令人疲倦。寶寶很容易因此過度疲倦（身為媽媽，我似乎經常忘記這點）。我常常必須提醒上課的父母，即使我們的課堂看似放鬆而安靜，但每週九十分鐘的課程還是給了寶寶很大的刺激。寶寶在這裡不但要認識空間，承接所有人的能量，也在自行選擇的遊戲中發展自己的肌肉、認知能力、社交能力。對寶寶來說是很累人的！

想要讓寶寶閉眼睡覺、恢復體力，我們必須隨時注意寶寶是否受到過度刺激和過度疲倦的威脅，及早與睡覺的頻率接線。疲倦的初期訊號包括動作變慢、身體失去協調、偶爾眼神呆滯（就像我晚上的樣子）。

寶寶喜歡規律的作息與養成習慣。父母的選擇將讓寶寶了解生活的定義。如果我們讓他們養成習慣，期待在固定時段做某事，他們通常就會想要持續進行這些已知的活動（寶寶面對的是一個難以應付的新世界，所以這樣解釋是有道理的）。因此，儘管每一個家庭都有不同的睡前慣例與喜好，但大多會養成習慣。

我想起一個例子。我的工作坊來過一個寶寶，已經習慣媽媽用背帶揹著她睡覺，但父母試圖讓寶寶換到床上睡覺，所以產生了問題。因為寶寶已經習慣抬腳、吸著母奶睡著，所以父母把睡著的她放到床上，她一感覺腳碰到床便會驚醒。

這對父母最後只好尋求睡眠專家的協助，而睡眠專家提供了一個新計劃：寶寶還沒有完全睡著時，就把寶寶放到床上，但睡著之前要先讓她面向床，讓她看見床，再把她放到床上躺著。接著，他們給寶寶幾分鐘的時間安靜下來，讓寶寶哭鬧釋放壓力（寶寶經常在此時哭鬧）。

我希望讀者讀完這一段，不會誤解我，以為我主張絕對不可以吸奶睡覺，或不可以使用背帶。我只是勸各位父母記住，我們的選擇具有影響力，因為我們所創造的條件會成為寶寶的習慣，進而形塑寶寶的需求。有些寶寶可以自然而然地改掉這些習慣，有些則沒那麼容易。

如果必需改變日常作息，溝通與尊重絕對是必要的。寶寶不僅喜歡可預期的事與熟悉感，他們也有能力適應我們認為必要的改變，但我們的期望必須符合寶寶的發展（換句話說，我們不應期望新生兒睡過夜，或不用餵奶）。

我個人很討厭「睡眠訓練」一詞，不僅因為它聽起來不自然、有強迫性，還因為轉換為較健康的睡眠習慣，其實與「訓練」剛好相反，比較接近「不訓練」。我們抱持尊重，「不去訓練」已習慣被搖著、抖著、揹著、開車哄睡的寶寶。我們也抱持尊重，「不去訓練」已經習慣餵奶才要睡覺的寶寶（有些寶寶整晚都要吸奶呢）。

我們能力充足、耳清目明的寶寶，僅需要最低程度的壓力，就可以調整與改變，但他們需要我們建立互信互重的關係，如下：

1. **發展溝通的關係。**我們越快跟寶寶說話，好像他們聽得懂一樣，我們就能越快醒悟他們真的聽得懂。你可以不要快速地一把抱起寶寶，而是經常問寶寶：「你準備好了嗎？我要抱你起來了。」接著請等待寶寶的回應，直到寶寶傳達了「答應」的訊號，你再說：「好，現在我要抱你了。」你可以注意到寶寶準備被抱起來時，身體會有點緊繃，最後，他會舉起雙手迎向我們。

2.**簡潔如實地告知寶寶，我們將做哪些改變**。請說：「等你洗完澡，我們再喝奶，我會抱著你唱歌，然後抱你上床，讓你好好休息。以前我們都會搖啊搖，不過今晚我們抱完以後，你就直接上床，我們互道晚安。」

3.**支持、接受與認同**。請說：「你很傷心，我知道，這感覺跟以前很不一樣。你習慣我搖你睡，我聽見你在傷心，你很難放鬆，可是等一下就會好的。」

4.**睡覺需要放鬆**。要為具有認知力的寶寶建立健康的睡眠節奏，我們必需營造條件、進行練習，讓他們在睡前放鬆，拋開這個多采多姿的世界。父母的平靜態度可幫助孩子放下刺激、壓力與興奮等一整天（或一個早上）累積下來的情緒。

要讓寶寶放鬆，**父母**必需先放鬆，所以寶寶睡前絕對不要表露我們的擔憂、挫折、憤怒，甚至為了睡覺而發火。你曾經一肚子火或傷心地上床睡覺嗎？

我們每天重複例行的睡前慣例，讓寶寶知道接下來要做什麼，有助於他們學習放鬆、準備睡覺，甚至可能使他們期待睡覺，想要聽睡前故事或搖籃曲。

「有一個不錯的睡前慣例，你可以和孩子一起實行，那就是一起回顧這一天。你可以說『我們今天去散步，後來下起雨，我們便回家吃中飯』。我們認為不重要的事可能對孩子來說很重要。孩子吃了什麼、去哪裡、看到誰……回顧這一天能給予孩子安全感，使他帶著愉悅的心情上床睡覺。你也可以談談明天要做的事，把過去、現在、未來連接起來，給予孩子生命流動的連貫性。」

——瑪德．葛柏，《自信的寶寶》（*Your Self-Confident Baby*）

Zzzzzzz……

第7章

讓寶寶坐著的問題

相信有些人會覺得我簡直在自我毀滅，大約九成的父母都有讓自己的寶寶坐起來吧，我何必說這件事會造成負面影響。談論這件事勢必引起眾怒，**何必呢**？

談論這件事使我內心交戰不已，但我想讓幼兒自然發展大動作的熱情，最後還是勝出了。因此我誠摯地希望，閱讀接下來這段文章的讀者能敞開心胸，如果你做不到，不妨跳過這一章。

我先生和我從沒想過要不要讓我們的第一個小孩坐起來，在她幾週大的時候，我們把她立起來坐在椅子上，放在嶄新美麗的嬰兒衣櫃前面拍照。現在我回頭看這些照片，才發現那個姿勢看起來是多麼令人不快。我女兒的身體下沉、僵硬，不但不舒服，也不開心。在一張特別沒尊嚴的照片裡，她穿著朋友送的艷橘色小丑連身褲裝，頭戴橘帽子。我那位朋友聰明絕頂，但沒有小孩。而我們的寶貝女兒才出生沒多久，她皺著的臉孔顯示她並不覺得這很幽默。

等到女兒四個月大，我開始上RIE課程，講師才鼓勵我要多提供女兒充足的時間，讓她自由移動、活動，躺在地上滾來滾去、趴著、撐著，或用屁股挪動，最後自己發現怎樣坐起來。

我永遠忘不了她第一次自己坐起來的樣子。那幾天，她先一直讓膝蓋左搖右擺，接著擺向同一側，她嘗試了好多次，**差一點**就要坐起來了。最後，有一天早上，我們住在巴黎某間飯店的小房間，她在地板上玩，玩著玩著她突然成功了。她自己在衣櫃前面坐起來，驚訝地發現鏡子所映照的自己。

這種「嬰兒天賦」所達成的輝煌成就，就是我建議父母要把機會留給嬰幼兒學習的理由之一，讓他們學會自己來，而不是我們去撐住或固定他們。其他的重要理由如下：

1. **自然發展大動作：**瑪德．葛柏的主張很多都以匈牙利著名小兒科醫生艾米．皮克勒的研究和臨床經驗為依據。皮克勒博士是瑪德的朋友兼導師。皮克勒博士對嬰兒照護的革命性貢獻，在於她對動作發展研究的開創。她發現寶寶的動作發展不可受限、不可協助，也不可教導。透過多年的研究、觀察和經驗，皮克勒得到的結論是，當寶寶的發育條件允許了，他便可以自然而然地發展動作，不受干擾。這麼做不只有生理上的優點（例如動作優雅從容），還有心理與認知上的優點。

「幼年的學習過程對往後的生活，具有重要作用。透過這樣的發展，嬰兒學會運用耐心、不懈的努力，使自己具備獨立做事的能力。在運動發展中，嬰兒學習趴臥、滾動、爬行、坐起、站立、走路，都不僅在學習動作，也是在學習『如何學習』。他從中學會自主行動、產生各種興趣，學習嘗試與實驗。他亦學會克服困難，為自己的成功而喜悅滿足，這是耐心和努力不懈的成果。」

——艾米．皮克勒博士，《平和的嬰兒，滿足的母親》（*Peaceful Babies-Contented Mothers*）

2.限制活動：在寶寶還沒成熟的時候，太早讓他們坐起來，他們便無法滾動、扭動、挪動屁股，什麼也不能做。寶寶在能夠主動坐起來之前，就被大人扶起來坐著，如果他們不想坐很可能會跌倒，因此扶寶寶坐起來，無法使寶寶產生安全感，也不會讓他們對自己的身體產生信賴感。

我發現這些被扶起來坐著的寶寶，在遊戲的時候，看起來好像被釘子釘在地上，腰部以下非常僵硬。而沒有被扶起來坐過的寶寶，則會躺著自由揮舞四肢，滾來滾去，轉來轉去，挪動屁股，匍匐前進；坐著的寶寶只會彎腰，伸手去拿自己喜歡的東西，如果有一個玩具超過伸手可及的距離，坐著的寶寶就必需依賴成人幫他拿。

當然，寶寶具有絕佳的適應力。我見過習慣坐姿的寶寶，自己學會坐著轉圈與挪動屁股。

3.習慣：寶寶喜歡持續做自己熟悉的事（我們為他們創造的習慣，很容易成為他們的「需求」）。當我們把寶寶扶起來坐好，他們通常會產生期待，以後就會想要坐起來。反之，如果你不把寶寶扶起來坐，他就不會渴望坐著。

家長想要改掉寶寶坐著的習慣，可能會耗費一段調整期，而且寶寶會因為背部不舒服而哭鬧，此時家長必須鼓勵寶寶，讓寶寶慢慢適應躺姿。因為躺姿是讓寶寶的動作發展可自然展開的姿勢。

「即使嬰兒有發育遲緩的情形，還是要讓他們自由活動，讓他們順從自己內心的衝動，這看起來或許很基本，但對於他們生而為人無可妥協的自尊來說，卻是必要的。」

——露絲・安妮・哈蒙德，《尊重的嬰兒》（Ruth Anne Hammond, *Respecting Babies*）

4. **延遲或忽略運動發展的關鍵：**有些家長因為擔心寶寶還沒完成滾動與爬行等里程碑，而寫信給我，我才發現，這些寶寶往往受到嬰兒座椅、彈跳椅和螃蟹車的限制，或很早就被迫坐直。

如果寶寶沒有時間和自主權，你便不能期望他們的動作有什麼發展。如果父母總是讓寶寶坐著，寶寶有時甚至會跳過一些重要的發展（例如滾動、挪動屁股、爬行）。

「給你的寶寶一個安全遊戲的空間，讓他自由活動，不要介入他的發展，不要扶他坐起來，也不幫他翻身。寶寶擁有與生俱來的慾望，會依序發展各種活動能力，他們天生具備『正確的』知識，知道該怎麼做。他們會以自己的步調前進，並從中得到樂趣。」

——瑪德．葛柏

5. 獨玩：扶寶寶坐起來會大大阻礙獨玩。寶寶發育尚未成熟便採取坐姿，會使他不能獨立而穩定地坐著。寶寶沒辦法長時間維持這種姿勢（他們很可能跌倒），當然無法獨玩。

6. 彈性、姿勢與模式：身體科學家兼費登奎斯（Feldenkrais，一種身體調節律動課程）教師——艾琳（Irene L Lyon），提供了她的觀點：

「大多數的成人都很難盤坐在地板上吧？運動風潮興起，使更多人發覺打坐很困難，就像瑜伽流行起來，人們才發現自己大腿後側的肌群不夠長。但是，如果你給孩子機會自己去尋找坐起來的方式，他們即可透過自己的發現與運動，以最好、最可行的方式，適當地改造自己的身體，他們當然也可學會如何控制脊椎和臀部的曲線、增加腳踝和膝蓋的彈性。若他們有機會做自己，便會展開一個循序漸進的過程，使身體的各種功能逐漸形成一個模式。」

如果你想看到一個寶寶如何自我發現，我強烈推薦各位上Youtube網站，看一段叫作Baby Liv的三分鐘影片。

7. **沒有經歷過渡姿勢：**寶寶的運動發展過程中，有一個「側躺」的過渡姿勢，寶寶學會側躺後，通常會發展出坐姿（我戲稱這個姿勢為「男性雜誌的插頁姿勢」）。其他姿勢如滾動、用屁股快速挪動、坐起來等，也都具有過渡姿勢。對獨特的孩子來說，這些都是獨一無二的變化，如果我們相信身體的智慧（我相信），即可知道每個姿勢都有一個寶貴的發展目的。我總是提醒家長為這些姿勢拍照，因為這些姿勢都很迷人，也很短暫。

8. 急什麼？若寶寶（選擇）的所作所為受到信任，被接受與讚賞，他們自然會建立信心。他們有自己的發育時間表。

「我問過家長『你多大的時候學會坐』，而到目前為止，沒有人記得。早坐的好處是什麼？為什麼這麼多人都有『越快越好』的想法？既然人類壽命越來越長，為什麼我們不能慢下來？為什麼沒有人在意孩子是否已經準備就緒或引發動機？」

——瑪德．葛柏

第8章

培養孩子的專注力與注意廣度

我們常常不經思考地干擾嬰幼兒，主要是因為我們不重視嬰幼兒的所作所為。但我們卻期望孩子能成為學者或成功的人。我們希望他們耐心地聽講，堅忍不拔地解決問題，追求自己的夢想，我們想要孩子自然而然地培養出「專注力」，簡單又快樂地具備學習能力。

生命的第一年是專注力的發展時期。以下有幾種方法可以培養孩子長時間的注意廣度（attention span）：

縮減娛樂和刺激到最低限度。寶寶是習慣的產物，他們會習慣去期待娛樂，跟著周遭所發生的事物行動，而不是做真正出於需求的事。父母經常給予寶寶刺激，不但會導致自己精疲力竭，過度刺激也會創造容易覺得無聊的寶寶。

根據嬰幼兒專家瑪德·葛柏的教導，寶寶不會自己覺得無聊，無聊的是父母。自己身體的活動方式、所見所聞、聲音、氣味、成人視為理所當然的小事，都會使寶寶著迷。他們需要不受干擾的時間，才能體驗和學習這些事物。

兩歲前不要看電視和影片。電視和影片最會干擾孩子發展注意廣度，電視和影片會入侵、佔領孩子的注意力，使孩子無法靈活地控制自己的專注力。

這就好像你坐在世上最迷人的人身邊，視線卻不由自主地受到可惡的電視吸引一樣。對於電視問題的深度研究，我強力推薦一本書：《瀕危心智：為什麼孩子不思考，而我們能做什麼》，珍·希利博士著（*Endangered Minds: Why Children Don't Think-And What We Can Do About It*, by Jane M. Healy, Ph.D）。

創造一個安全舒適的空間。為了保持長時間的專注力，寶寶必須有一個安全的空間。剛開始你可以運用搖籃或嬰兒床，寶寶大一點再用嬰兒圍欄，最後你可以圍一塊區域或設置安全門。如果你設的區域過大，區域內可能會有對寶寶有害的東西，讓寶寶無法完全放鬆、長時間專注。如果家長因為擔心安全而緊張，總是說「不行」來干擾寶寶，寶寶就不能長時間專注地進行遊戲。

只有簡單而開放式的玩具和物品。除非受到干擾，否則寶寶通常會徹底研究每一件事物，例如拿著毛巾端詳上面的圖案，接著嘗試搖一搖、放在嘴裡咬、放在臉上，或把毛巾揉成一團。寶寶還無法理解的東西（例如波浪鼓以及其他會發出神秘聲響的物品），或只能讓寶寶被動地觀看、聆聽的玩具，以及只有單一功能的玩具（例如玩具電話與發條玩具），都可能使寶寶感到厭倦或過度刺激。這些玩具只會吸引寶寶的注意力，而不會加強他們的專注力、研究熱忱與互動能力，就像電視和影片一樣。

觀察。觀察寶寶而不要干擾他們。觀察寶寶自己選擇的消遣時間方式，可以使我們了解寶寶不只會躺著，他們真的在**做**一些事，包括望著窗戶、看天花板的電風扇，或是伸手捕捉陽光照射下的灰塵粒子。

打斷寶寶的思考，就是在降低寶寶的專注力。我們可以注意他們活動的間隔，舉例來說，當寶寶正用手指玩著威浮球（wiffle ball）時，突然轉移注意力，看著我們，這時我們可以問寶寶是否要換尿布，而不是主動去干擾寶寶的思路或轉移注意力。

讓寶寶有選擇權。寶寶對自己所選擇的事物，比我們為他選擇的事物，更感興趣，這是不爭的事實。因此，讓寶寶在自己的遊戲環境裡，選擇自己要做什麼，而不是指導寶寶做我們所選擇的活動（例如學習性的遊戲、拼圖或閃卡），更能使寶寶感興趣且專注。

只要寶寶有充分的機會，能夠長時間專注於自己所選擇的活動，他便能較專注而投入日後的各種成人導向活動（例如上學）。

不要鼓勵分心。我常看到家長用玩具使寶寶分心，以便順利「換好尿布」。但這種方式反而會使寶寶養成**不專心**的習慣。換尿布、洗澡、餵食等，對寶寶來說並不是無聊或討厭的瑣事。寶寶對於生活的各個細節都有興趣，他們希望參與發生在自己身上的事，也希望盡可能地被接納，參與任何他們能力可及的活動。

如果我們教導寶寶「**不要**注意他所參與的活動」，我們如何指望他養成健康的注意廣度呢？

長時間深入研究、追求更了解事物的各個面向，這種長時間專注的能力可以像肌肉一樣被開發與加強。我不是在假裝自己博學多聞，常識和經驗足以告訴我，有利於發展專注力的家庭環境具有正面的影響，甚至可避免少數的注意力缺陷障礙。

專注就是力量。長時間的注意廣度是創造力、運動和學術成就的基礎。專注傾聽的能力，將會成為孩子最好的朋友、配偶和父母。

所以，下次你走過去看寶寶的時候，請輕輕走過去，不要突然叫寶寶。

第9章

嬰兒遊戲是偉大的心智運作

二十多年來，我觀察過數百位寶寶，自然對於嬰兒的世界有所洞察，但要我向別人描述「嬰兒遊戲」還是會令我有些尷尬。我擔心別人會想：「最好是啦，嬰兒哪會**遊戲**。」

但是其實寶寶從幾天甚至幾週大起，便可以開始建立內部導向遊戲這種習慣。當我們學會辨認、欣賞並給寶寶機會去發揮這種寶貴的生命元素，便有神奇的驚喜在等待我們。

由一個未受過訓練的大人看來，遊戲時間對幼小的寶寶來說實在是很無聊，因此大人會覺得有必要娛樂寶寶（我以前便如此認為），或者認為寶寶需要被放在嬰兒車或搖籃裡面，跟著我們不斷移動，時時需要接受我們的刺激。

老實說，寶寶其實不需要我們耗費精力去佔用他們的時間。讓寶寶保持忙碌，反而會破壞他的自然慾望，無法主動地投入這個世界。

寶寶是自學者，他們真正需要的是時間、自由，以及大人對他們「所作所為」的信任，這會更有利於他們的發展。

成年人總是忘記，世上的每個平凡細節對寶寶來說都是新的、刺激的，各種形狀、對比、聲音以及最微小的動作，都引人入勝。生命有如遊樂園，因此，寶寶環顧四周、聽聲音、聞空氣的味道。他們自由伸展，抓取、扭轉身體、左思右想，這些都是在「遊戲」（難道你不想知道寶寶在想什麼嗎）。

我第一次發現我的寶寶自己在玩，是他九天大，我在尿布台幫他換尿布的時候。換完尿布的我看到他盯著牆上的影子，非常投入。我深呼吸一口氣、靜靜等待，以免自己干擾到他。兩三分鐘後，他終於抬頭看我，我問：「你要我把你抱起來嗎？」他的眼神似乎在說：「好。」所以我照辦。

我們必需尊重寶寶的重要私人時間，**不要打斷他們思考**。讓寶寶有較長的自我遊戲時間，而且遊戲時間要隨著寶寶的成長加長，例如進入學步期可延長到數小時。

只要我們相信寶寶的獨玩遊戲比回應我們更重要，寶寶通常會更加深入思考。如瑪德·葛柏所建議，若寶寶是遊戲時間的「編劇、導演和主角」，寶寶即會建立強大的認知學習技巧，培養他們天生的能力，去探索、想像、創造。

我們的任務是設計一個安全的空間，提供幾個簡單的玩具和物品。盡量帶寶寶到戶外，這有益於感官發展。從寶寶只會仰躺的時候開始，我們就要確保他們隨時可以自由活動，放開我們中心的所有預設（這是個有趣的挑戰），讓寶寶隨心所欲。

提供給寶寶玩的物品以設計簡單的最好，因為這樣寶寶才可發揮創造力，例如不同大小的球、棉布、大型塑膠鏈、塑膠環、堆疊杯、簡單的娃娃等。寶寶長成幼兒時，還可以加入拼圖、紙板書、攀爬物這些較複雜的設備，但請記住，我們要鼓勵的是主動學習、兒童主導的解決問題遊戲，以及創造性的實驗，而不是「正確做好」。

有一個影片展示了寶寶如何滿足地進行獨玩遊戲，以及這個寶寶長到兩歲的模樣，請到 Youtube 搜尋 *Smart Baby's Self-Directed Play*（*RIE Baby*）。

第10章

醫生、牙醫與理髮師

自從當媽以來，我得到許多驚喜。我發現會跑步的六歲以下兒童，從來沒有一個會安靜走過長廊；孩子全身上下都可能會發現早餐穀片；男孩有罣固酮驅動的衝動，會測試所有物品的破裂點，尤其是新玩具，而他們測試的結果可想而知。

但是，我最大的驚喜莫過於發現嬰幼兒其實可以享受剪頭髮，或是看醫生、看牙醫，甚至會期待去做這些事（當然，他們的感覺和我完全不同）。而我只需老實地預做準備，就可以幫助寶寶「期待」這些例行之事。

第一次當媽時，我開始上RIE課程便養成了習慣，告訴寶寶身邊發生的事，也告訴他**將要**發生什麼事。我會告訴寶寶，我要把他抱起來放在尿布台上。就像這樣，我把所有與他有關的事都告訴他。

藉此，我發現寶寶迫切地需要可預測性。他們喜歡按部就班地控制自己將要參與的事。這讓他們稍微覺得世界沒那麼混亂，比較安心。舉例來說，他們知道洗完澡就要穿睡衣、聽一首好歌，接著被抱著培養睡眠情緒，最後才被放到床上。在整個過程中，嬰兒喜歡盡量參與，即使只是即將發生的事，他們也想知道。

以這種充滿尊重的方式來對待寶寶，他們就會變得很合作。很驚訝吧！這是因為他們有覺知、有參與。但是，如果我們一言不發地一把抱起寶寶，或拿玩具轉移他的注意力，以便快速換好尿布，等於不鼓勵寶寶的參與，他會覺得自己被操縱，而不是與你共同參與一場溫馨活動的伙伴。

寶寶雖然不會說話，但他們是完整的人，有能力積極參與親子互動以及他們的生命。我們越早坦誠地面對他們，邀請他們參與，他們越早學會這一點。

我的女兒約十二個月大時，有一天，我準備帶她去看醫生。當天早上，我在家裡告訴她看醫生的事。我告訴她我們要去哪裡、會發生什麼事。我告訴她會有體重計、聽診器，醫生會用光照她的眼睛、摸摸她的肚子、看看她的嘴巴裡面。如果我知道那天她要打預防針，我也會告訴她，在她打針之前，我還會提醒她：「可能會刺痛喔。」

女兒和我到達醫生診所時，她已經知道所有即將發生的事，我感覺到她的熱切期盼，而醫生終於走進檢查室時，她很安靜、專注，屏息等待所有她被預先告知的事。

不幸的是，那位好心的醫生採取設定好的喜劇和魔術路線，揮動手中的小手電筒，好像想要用螢火蟲效果來分散女兒的注意力，還對她說：「我看到妳耳朵裡有隻小鳥！」接著偷偷趁女兒沒注意的時候快速檢查。

女兒有些不知所措。我和緩地告訴她，醫生這樣做讓她至少可以在心理上盡可能地參與。他是一位很好的醫生，但對寶寶抱有成見，不相信嬰兒可以認知事實，認為唯有耍花招和娛樂才能讓嬰兒分心，好讓他完成醫生的工作。

令人慶幸的是，我女兒很享受第一次看醫生的經驗，還想再回去看診。她去美容院的反應也是類似如此，她覺得戴著一個大罩子，有剪刀喀嚓喀嚓地剪她的頭髮很有趣。她也一直期待著看牙醫，即使她必須把嘴巴張開一段很長的時間。

當然，我女兒喜歡牙醫給她的棒棒糖、新牙刷和「我有健康牙齒」貼紙。但是，我很久以前便得到的結論是，誠實的告知可使嬰兒在這些與醫生、牙醫、理髮師接觸的早期經驗中，能主動參與，而我的孩子們直至今日仍喜歡去從事這些活動。

不過，或許他們只是奇怪的小孩吧。

第11章

安撫黏人的小孩

感覺被需要是一件好事，但直到我們為人父母，我們才知道，自己原來不懂得什麼叫作「需要」。瑪德·葛柏貼切地指出，無論父母當下有沒有與孩子在一起，都會有一種「被限制自由的感覺」。

在孩子的生命中，第一年（此時孩子更能覺察與父母的分離）以及早期的幾年，他們的主要照護者通常就是他們欲求的單一對象。

黏人時期大多是孩子走向獨立發展的過渡時期（就像學走路）。有時孩子變得黏人，是因為他面臨陌生的情況或轉變（例如媽媽的期望）。但即使我們理解這道理，這種愛的枷鎖依然令人緊張、窒息、沮喪、內疚，使我們不能走出孩子的視線範圍一步。

寶寶約九到十二個月大的父母，通常都會在課堂上與我分享一個令人有所領悟的常見情景：「我只是快步衝去上廁所或洗澡，寶寶卻放聲大哭。我該怎麼辦？」顯然父母為此感到難過，自己竟讓寶寶陷入痛苦。但是寶寶其實不是孤單無助的，因為他還和深愛自己的爸爸在一起。嗯……

沒錯，不要輕忽寶寶的情緒，但寶寶是否有迫切需要？或者，這是寶寶意志發展的健康展現嗎？無論是哪一個問題，對寶寶和父母來說，都不是容易處理的。

下面是我的建議，可以緩解父母的焦慮，幫助大家應付孩子的黏人時期：

鼓勵自主性。我們看待孩子的方式，本身就對孩子有深遠的影響。雖然有些專家認為寶寶是「無助的」，但瑪德．葛柏卻提出一個微小而重要的異議，她認為寶寶是**依賴的**，而不是無助的。她認為只要我們讓寶寶發展天賦能力，他們就做得到。關於這點，我已經驗證過千百次了。瑪德稱寶寶的這種能力為「基本信任」，這就是她的核心主張。

大多數寶寶都做得到的一件事（而且很喜歡做）是主導自己的時間。寶寶睡醒時會先東張西望一會兒，再表示他們的需要，就是這一點的最佳證明。你只要在這些時刻避免愛泛濫，靜靜地觀察他們，便是播下獨立的小種子。在這些時刻我們必須提供安全的空間，讓寶寶有時間發展自我、探索、學習、創造、與「自我」溝通，而且這段時間會越來越長。我們在生命初始便可授予孩子一段不受干擾的時空，但不要強迫孩子，如此才能促進健康的自主權。

些許的獨立並不會削減孩子的分離焦慮和黏人，但絕對可減少這些戲碼的發生頻率、強度和持續時間。這是有道理的，因為只要孩子嚐過獨立自主的滋味，便會難以抗拒，願意好好度過一段屬於自己的時間。

切勿反應過度。寶寶都是善於觀察而敏感的，這代表他們經常透過我們的反應和行為接收我們釋放的訊息。例如，如果寶寶想要翻身，我們立刻插手把他轉過來，或是他剛發出抗議聲，我們便把他抱起來，他就會漸漸相信自己沒有能力克服這些微小的困難。

另一方面，如果寶寶在哭，請坐在寶寶身邊，彎身和他保持相同高度，認同他的感覺和努力，等待一會兒，如果他還在哭泣，請你問他是否想要我們抱他。你這麼做，寶寶不只可得到你的愛，還會獲得更強的力量。通常寶寶知道自己被傾聽與諒解時，便會不再堅持他原本的意見。

孩子是具有安全感、有能力，還是過度依賴我們的神奇力量來得到拯救，端看我們傳遞給孩子什麼訊息。

自信地離開。我再說一次，孩子對我們散發的感覺很敏感。如果我們正處於矛盾、不安、愧疚，就必須把他們放在安全的地方，然後離開，但孩子通常不會優雅地放我們走。不過，如果我們不安下心來，我們的孩子又怎麼會覺得安心呢？

所以我建議你**一定**要告訴孩子你要離開（偷偷溜走只會造成更多焦慮與不信任），說話的口氣要溫和堅定，相信孩子有能力處理這種情況，例如說：「我要去洗手間，五分鐘就回來。」你最好要加一句：「好不好？」表達你的不確定，需要孩子來許可。如果你想要離開，孩子卻在哭，請認同他，對他說：「我聽見你在哭，你不想要我走，可是我會回來的。」

不要說服孩子改變他的感覺。認同孩子的感覺，而不要暗示或批評孩子，不要說：「我整個上午都在和你玩了耶，還不夠嗎？」請完全接受孩子的感覺。而且要鼓勵留下來與孩子待在一起的照護者，請他們支持孩子繼續傷心，讓孩子想傷心多久就傷心多久，但要平靜地向孩子保證：「媽媽會回來的。」不要用其他方法讓孩子分心，或是安撫地說：「你沒事的。」請一直認同孩子的感受，傾聽、支持，如果孩子想要，請擁抱孩子。孩子的感受是有分量的，需要被妥善對待。

先給孩子建立信任的機會，才能離開（而且最後一定要返回孩子的安全基地）。若有父母擔心孩子太黏人而不自己玩遊戲，我會在課堂上提醒那些父母：父母總是製造分離的人。孩子需要相信與你分離後，你會再返回（根據約翰鮑比的依附理論，孩子體驗分離所產生的信心，是形成安全依附的基本要件）。

但是，即使父母看似整天繞著孩子兒轉，分離仍舊不是孩子造成的。因此我在RIE的課堂上，都會建議父母找一個固定座位坐下來。若我們在安全玩遊戲的情況下迎合孩子的要求，對他們寸步不離，等於是在傳遞一個訊息，告訴孩子我們不相信他們能夠應付我們的離開。或許我們這樣做，是因為我們認為自己必須在孩子身邊，示範給孩子看應該如何遊戲（別擔心，我們絕對不範不出來）。又或許，其實擔心分離的不是孩子，而是我們呢？

在團體活動中，父母有固定的位置極為重要，這樣孩子才能確知我們在哪裡，進而得到自由，隨時準備好帶著信心離開我們。

欣然接納孩子的黏人。我建議絕對不要抗拒孩子的黏人。是的，有時我們的確必須（或想要）離開，這是健康而正面的事。父母的需求和限制是親子關係的必要元素。父母對照顧自己（即使孩子不認同）感到有信心，對親子關係來說至關重要。

然而有時候在團體活動中，在公園、在聚會，甚至只是在家裡的時候，我們會希望孩子參與社交，但孩子卻非要黏著我們。這時請放下你的期待和願望，讓孩子黏人吧，而且你要對此表示歡迎。不要哄孩子，請讓孩子和你坐在一起靜靜觀看。哄孩子，轉移他的注意力，告訴他和其他可愛孩子一起玩玩具會有多棒，只會加重孩子黏人的慾望。

若我們接受孩子需要和我們在一起，並向他保證，我們絕對不會抗拒親近，便可以解除分離焦慮。

因此，請盡可能立刻放下你的期待與私願，全心全意緊緊抱住孩子，想像有一天，他不想再坐在你的腿上（或是長得太大坐不住了）。嗯，沒事，先別想那些有的沒的。

第12章
育兒的神奇關鍵字及其十大用法

瑪德．葛柏特別讚揚一個字詞的力量，這個字詞是她育兒理念的基礎，反映她對於嬰兒天生能力的核心信仰。她尊重每個嬰兒獨有的發展時間表，滿足嬰兒親身體驗、親自掌握的需求，讓嬰兒成為具有創造力的問題解決者，且能表達情感（有些情感是我們很難見證的）。

這個關鍵字可以了解嬰兒，為全年齡的人類提供愛、關懷與信任，是實用的工具。這個關鍵字就是**等待**。以下是「等待」的運作方式：

等待嬰幼兒的發展，包括運動、學習上廁所、語言等學齡前技能的發展。等到孩子能夠展現自己的能力時，你會注意到孩子的滿足、舒適與自傲，而不是其他反應。正如瑪德．葛柏常說的：「孩子做的時候，就表示他們已經準備就緒。」準備就緒的孩子做得更好（你可以把這句話貼在保險桿上面嗎？）他們完全掌握自己的成就，因而建立了一生的自信。

不干擾，只等待。給嬰兒機會，讓他們持續探索自己感興趣的東西，發展長期的專注力，並成為獨立的自學者。

嬰兒凝視天花板時，我們要等待，讓嬰兒繼續思考，這樣一來，嬰兒所得到的鼓勵，不僅可讓他們持續思考，也可讓他們持續信任自己的直覺。這樣一來，你傳達給孩子的訊息就是，你很重視孩子所選擇的活動（因此他會重視自己的選擇）。

等待問題解決，並允許孩子在建立應變能力的過程中奮鬥與受挫，這樣最後通常會導向成就。首先，請你等待，看看孩子能夠獨立做些什麼。

當寶寶努力做動作，想要翻身趴著，請不要急著阻止或干擾寶寶的努力，而是以溫和的鼓勵言語讓寶寶感到自在。如果寶寶感到沮喪，你可以把他抱起來休息一下，而不要直接「修正」他、幫他翻身。這會鼓勵我們的寶寶一再去嘗試，最後得到成功，而不是相信自己沒有能力，變得希望別人幫他。這是孩子各種發展的真實現象，包括運動技能發展、如何玩玩具、拼圖和使用各種設施，甚至是找到自己的拇指這種自我安撫的能力，你都必須讓寶寶自己去摸索，而不是直接塞奶嘴給寶寶。

等待發現，而不是把新玩具展示給孩子看，也不是告訴孩子玩具該怎麼玩。

「教導孩子，等於永遠奪走他自己發現的機會。」

——兒童發展學家皮亞傑（1896-1986）

等待和觀察。請你在下結論之前，看看孩子到底在做什麼。伸手要拿玩具的嬰兒，可能只是要滿足伸展手臂和手指的需求，而不是達成什麼任務。幼兒趴在玻璃拉門看向外面，可能只是要練習站立或欣賞風景，而不是想要出去。

等待衝突的解決辦法，並給予寶寶機會，讓他們自行解決同儕問題，只要我們保持冷靜和耐心，他們通常會心甘情願地接受自己處理的結果。而且，大人看起來像衝突的事件，在嬰幼兒眼裡，往往可能只是「一起玩」。

等到孩子準備就緒，才能介紹新活動給孩子。這樣可使孩子成為積極的參與者，更熱切、有信心地擁抱多種經驗，去理解和學習。

我們很難不與孩子分享自己精彩的童年經驗（例如看過的表演、去過的主題公園或上過的舞蹈課），但過早分享從來不是一件好事，耐心一定會有回報。

當寶寶哭泣的時候，**等待可讓你更深入地理解**寶寶的需要。多數人會跟隨本能衝動，想要盡快平息孩子的眼淚，然而，我們必須停止將自己的需求投射在孩子身上，不要假設孩子有和我們一樣的需求，而要真正了解孩子想要傳達什麼。

等待孩子的情感表現，讓我們的孩子能夠充分處理自己的情感。孩子的哭聲會挑起我們深深壓抑的情緒，使我們不耐煩、煩躁、不安，甚至憤怒或恐懼。但孩子需要我們不帶評斷地接受他們的感情，也需要我們的鼓勵，允許他們自由表現。

等待孩子自己的想法，而不是將我們的想法強加給他們，鼓勵孩子成為有耐心的思考者和腦力激盪者。我已看過無數次的奇蹟，我常在孩子遊戲時，很想要展現我傑出的想法，或當我覺得孩子已厭倦，我會很想要提供自己的創意，但我會憋住幾分鐘，對孩子說一些鼓勵的話，例如「人有時候很難知道該做什麼，但你很有創意，我知道你會想出一些有趣的玩法」。這樣的一句話通常會使孩子產生想法，而且孩子的想法往往比我絞盡腦汁的結果還有想像力、更有趣也更適當。

最棒的是，孩子會接收到這些驚人的肯定：

(1)我是個有創造力的思考者和解決問題的能手。

(2)我可以承受困難與挫折。

(3)無聊只是想法產生之前的過渡期（有時候甚至是靈感的泉源）。

直覺或許會讓我們覺得**等待**表示不關心、不幫助、信心動搖，不過，等待的結果會證明一切。耐心地等待與觀察，常使人覺得違反天性，因此，即使我們明白「等待」會帶來的奇蹟，我們通常還是要非常地努力才能做到。但這一切都是值得的。

第13章

容許孩子成功

我的教室裡，設置了構造簡單的玩具、平台、攀爬設施與一般家庭常見物品。有一天早上，我帶來一個白色的大塑膠罐，上面有一個大的旋轉蓋。我把幾個塑膠鏈子裝在罐子裡、旋上蓋子（後來我才發現蓋子蓋得太緊了）。

上課的家長和幼兒陸續到達，我向二十個月大的女孩珍娜打招呼，她的阿姨麗莎第一次陪她來上課。自我介紹之後，家長都坐好，而孩子們則開始遊戲。

珍娜開始把東西拿給阿姨，這是幼兒常見的動作。珍娜給了麗莎一隻絨毛狗，麗莎把狗放在大腿上，轉過來面對珍娜。然後，珍娜給麗莎一串相連的環，麗莎接過來，把環打開，拿給珍娜。珍娜抬來一台玩具公車，麗莎拿著公車在地上滑來滑去。珍娜拿玩具給麗莎的模式持續進行，麗莎想要和珍娜一起玩遊戲，顯示了她和珍娜的默契，而且她對珍娜給的每一個玩具都產生不同的反應。

麗莎為了珍娜玩遊戲，在這種微妙的善意中，珍娜原本應該是參與其中的演員，麗莎卻使她成了觀眾。

成年人與孩子一起玩的時候，很難發現自己的行動已經悄悄支配了遊戲。如果玩遊戲的時候，成年人不是「只」回應孩子的行動，親子互動所表現的其實是成人的興趣，而非孩子的興趣。所以，其他孩子都在探索世界，珍娜卻在看她的阿姨。

在這段安靜的觀察期間，我希望珍娜的目光從阿姨身上轉開。我提醒家長，試著清空自己的期望和預測十到十五分鐘，盡量客觀地觀察孩子。另外，如果孩子希望與我們互動，我們應該照做，但保持最低限度的反應，以免過度介入。

兒童照護者練習這種觀察方式，即可得到寶貴的洞見，進入孩子的心靈。看著孩子全神貫注地探索環境、與同伴互動、做自己設計的活動，會令人驚奇又有所領悟。一張照片勝過千言萬語，而現場展示更勝照片百萬倍，可以幫助我們了解孩子與孩子的需求。

麗莎後來停止與珍娜玩遊戲，只欣然接受珍娜拿給她的物品，珍娜才展開內在導向的探索。珍娜把玩具公車移到一個裝球的大箱子上面，球有大有小，她讓玩具公車走在這些球上好幾分鐘，測試公車的防震能力。最後她換了另一種玩具，繼續遊戲。

當我在觀察另一個孩子時，珍娜發現了那個罐子，我把它放在一個大木頭管子裡面。我看見珍娜搖晃罐子裡的鍊子，且拿給麗莎看。珍娜雙手捧著大罐子，伸手送給阿姨，我心裡已做了最糟的打算。當然，好心的麗莎自然不會拒絕幫珍娜打開罐子，但我央求麗莎：「請不要幫她打開罐子，拜託。」

接下來發生的事，讓我幾乎爆笑出來。麗莎答應了我，她沒有打開罐子，而珍娜轉身注視我許久，彷彿處於盛怒之中，不過那更可能是驚訝的表現。最後她回頭看阿姨手裡的罐子，但她不想自己打開。珍娜沒有表現出沮喪的樣子，她有兩個哥哥，可能已經習慣別人幫她解決問題了。因此，我更希望鼓勵珍娜主動一點。

不過，珍娜的罐子實驗最後終結在愛蜜麗手裡。愛蜜麗才剛加入課程，她走過來，把罐子拿走，交給她爸爸。愛蜜麗爸爸是第二次來上課，愛蜜麗充滿了信心，相信爸爸會解決這個問題。

他還沒來得及行動，我就說：「你要爸爸打開罐子，我不覺得他做得到。」愛蜜麗的爸爸名叫吉姆，他看著我，笑得很不自在。我輕輕地搖頭，笑得勉強。如果我能誠實地告訴愛蜜麗，她爸爸能打開罐子就好了，但受到心胸狹窄的慾望驅動，我只是想讓吉姆拒絕孩子的請求，因此捏造了善意的謊言。吉姆拿著罐子，沒有打開，但我知道他其實很想打開。

此時，我已經要求兩位大人抗拒自己的本能，不要幫助孩子。我發現自己處於一個不穩定的情況。假使我的實驗結局不圓滿，我就會被自拆招牌。但我注意到，愛蜜麗和珍娜一樣，一點也不難過。對於大人的奇怪舉動，她似乎有點困惑，但不灰心。她試著轉開爸爸手上的罐子，最後，她把罐子交給我。

愛蜜麗的舉動使我欣慰，我覺得自己就像教室裡的奸人。我想起瑪德・葛柏說過，當一個蹣跚學步的孩子把手裡的東西拿給你，表示他信任你。「妳要我拿著罐子嗎？」我問。

我拿住罐子，愛蜜麗再次試圖打開蓋子。「妳嘗試打開蓋子，但這很難打開。」接著，我**暗自**用大拇指壓住靠近我這邊的蓋子，把蓋子推開一點。愛蜜麗又試一次，這次她可以慢慢轉開蓋子了。最後，罐子終於打開，她快速瞥了我一眼，我微笑地說：「妳打開了。」過了一會兒，愛蜜麗把蓋子蓋回去，然後又自己打開蓋子。

孩子需要機會學習自己解決問題。只要大人抗拒幫孩子打開罐子的本能，即可為孩子創造（而不是剝奪）學習的機會。

是的，這違反我們想幫助孩子的本能！但是，如果我們幫孩子做一些他原本可以自己做到的事，等於是在剝奪他的重要學習經驗，並沒有真正幫助到孩子。

孩子認為大人是神奇的、全能的。若我們介入孩子的所有奮鬥，幫他們處理所有問題，等於是為孩子強化大人的全知全能。但如果家長和照護者能相信孩子的能力，讓孩子自己研究問題，甚至允許孩子受挫和「失敗」，那麼最終孩子將會告訴我們，他的所知所能遠遠超過我們的想像。

第14章

遊戲的治療力量

我聽過瑪德．葛柏分享一個故事，那是我聽過最有啟發性的遊戲治療案例。瑪德．葛柏受邀參觀幼兒中心，在主任的帶領下，進入嬰幼兒遊戲室，注意到其中一個孩子拿著湯匙，戳著娃娃的屁眼。

主任也注意到了，她糾正男孩：「不對，那是放嘴裡的。」她把湯匙從孩子手裡取來，往娃娃嘴裡送，表演給孩子看。但她回頭繼續與瑪德討論時，男孩又把湯匙往娃娃屁股送。主任也再度停下來糾正孩子。

時間有點晚了，家長們陸續來接孩子回家。男孩的母親來得很早，她抱起兒子，正要離開時，停下來跟主任說：「今天早上我忘記告訴妳，可憐的小約翰昨天去看醫生，醫生給他灌腸，而小約翰**一點也不**喜歡。」

無數的研究證實，遊戲具有了不起的益處，瑪德分享的這個故事即顯示了遊戲的偉大，因為遊戲可作為一種自然而強大的自我療癒工具。兒童會本能地利用遊戲來處理環境造成的壓力與內心衝突。遊戲治療會幫助他們釐清可能遭遇的混亂，紓解擔心和恐懼，這對幼兒來說尤其重要，因為他們還無法以語言表達自己的感受。孩子說不出哪裡不對勁，但我們問「那是什麼？」「為什麼？」的時候，他們可以把不安的感受「玩出來」。我們可以用以下方法鼓勵孩子的遊戲治療：

1. **拋開成見、期望與遊戲程序**。讓遊戲屬於你的孩子，不要干擾孩子（如瑪德與主任的例子所示）。讓孩子自己寫遊戲的劇本，擔任導演和主角。禁止自己幫孩子設計遊戲，而是要營造一個安全、資源豐富的環境，有許多開放式、構造簡單的玩具和物品，可以讓孩子自由自在地實驗。請放手讓孩子搗亂、隨心所欲，除非必要，切勿干擾。

2. **盡量到室外**。如果有私人的戶外場地，你可用桌椅圍出一個安全區域，放心讓孩子在這裡遊戲，享受大自然的新鮮空氣，藉此受益於遊戲治療，你也可以放鬆（甚至可以做一點工作）。如果天氣適合，請把活動區域移往戶外。這樣一來，孩子會睡得更好、玩得更好，也會吃得更好，一如我某位朋友的發現：「在戶外，食物吃起來更美味。」

3. **培養自主遊戲的習慣**。寶寶天生愛好遊戲，但必需靠大人才能養成遊戲的習慣，使遊戲成為寶寶一天的基本要素。寶寶能夠（也願意）讓我們知道，他們什麼時候想要被我們抱，但一個滿月的寶寶很難表示「我想要有時間自由活動，做我想做的事」。**做我想做的事**，就是遊戲治療的關鍵。

你可以將寶寶放下，讓寶寶躺著，觀察他的反應，如果寶寶有所埋怨，便告訴他你聽見了，問他需要什麼，是不是想要被抱。不要直接抱他起來，或做其他動作，有時候寶寶跟我們一樣，只是想要被傾聽和理解。

寶寶在這種小「遊戲」中，可能只是左顧右盼、伸展身體、扭來扭去、動動看四肢，研究令人著迷的雙手，而且他們專注的時間會越來越長。寶寶的自主遊戲，很快就會成為你們一起生活的亮點。

4. **觀察、學習、欣賞**。多數的遊戲治療，都比前述的男孩與湯匙的例子隱蔽，特別是孩子還不會說話時，我們的雷達通常探測不到。即使我們可能發現一些線索，進而揣測孩子究竟發生了什麼事，但這仍是個難解之謎。

出生本身就是一種壓力，我們可想而知，剛出生的寶寶都有必需處理的課題。我們唯有透過不斷精進觀察能力，才有助於偵測到寶寶的微妙心情。

最近的一堂RIE課，有一個十六個月大的孩子，做了一件我從來沒見過的事。她剛當上姊姊，而媽媽難產住了幾天院，使她沒有看見媽媽。我的RIE遊戲室有三個大木箱並排著，其中一個上方切了一個圓孔。這個小女孩設圖把最大的嬰兒娃娃塞進這個圓孔，她費了好大的功夫。她做了一次又一次，一直重複這個遊戲。

嗯……

第15章

阻礙獨玩的七個迷思

兒童主導的遊戲具有舉世認同的價值，也是少數幾個育兒專家與一般人都認同的方式。獨玩可以造就高行動力的快樂孩子，轉而使父母變得更平靜、快樂。而且獨玩是依循天性的，創造遊戲的慾望與能力是與生俱來的。那麼，獨玩還會遇到什麼問題呢？

家長經常告訴我他們無法為孩子建立獨玩的習慣。他們說，只要把小孩放下來，小孩就會哭，除非父母陪小孩玩，或是有人給他們不斷的娛樂、刺激與引導。

這些問題大多源自於人們對獨玩的常見誤解（這些誤解我以前都有過）：

獨玩迷思一：嬰兒做不到。

「嬰兒期是極度依賴的時期。即使如此，我們仍應容許嬰兒從生命的初始開始就為自己做些事情。」

——瑪德・葛柏

瑪德・葛柏育兒法（Magda Gerber Educaring Approach）與一般育兒法最顯見的差異，在於她不認為嬰兒是無助的。她相信嬰兒絕對是依賴的，但並非無能。她與她的人生導師艾米・皮克勒博士都認為，即使是新生兒也是有能力的自學者，能夠發起遊戲與探索性活動，他們會漸漸融入環境，與育兒者的心靈溝通，產生合作關係。

進行腦部研究的心理學家，如艾莉森・高普尼克、伊麗莎白・史賓克、保羅・布魯（Alison Gopnik, Elizabeth Spelke, Paul Bloom）等人證實了葛柏和皮克勒的觀點，證明嬰兒具備活躍的心智能力。

但嬰兒有能力、可作為的觀點，卻意外地與「親密育兒」威廉・西爾斯醫師，以及影響力廣大的作家珍．萊德羅芙（Jean Leidloff）等人相反，他們認為嬰兒是被動無助的。他們廣泛流傳的育兒法，建立在傳統的帶小孩方法上，嬰兒仰賴照護者提供的娛樂與教育，需要無時無刻的身體接觸，使嬰兒有親密感。這種育兒法的重點，就是要成天把嬰兒揹在身上。

建立自主遊戲的習慣，需要一套截然不同的認知與焦點，家長必須創造一個安全的遊戲空間，還要相信孩子可獨立發起有意義的活動。當然，嬰兒需要大量的擁抱與撫觸，但葛柏的育兒法強調，嬰兒也需要遊戲。葛柏指出，嬰兒能夠明確表示自己何時需要抱抱，所以除非**我們相信**嬰兒有自己的事要做，否則嬰兒不可能享受獨玩的樂趣。

獨玩迷思二：如果把嬰兒放下來，他就開始哭，表示嬰兒一定不想玩。想要讓嬰兒獨玩，最好從仰躺開始，因為這是嬰兒擁有最大肢體自由度、自主性和活動性的姿勢（你可以自己試試看仰躺和趴著的不同）。

嬰兒一放下來仰躺就開始哭，通常是因為下面幾個原因：

(1)**突然把嬰兒放下，沒事先預告。**嬰兒是有能力的（雖需依賴他人卻不是無助的）、完整的人，他們需要成為我們的溝通夥伴。嬰兒需要我們的尊敬、傾聽，也需要我們告訴他們即將發生的事。請你說：「我現在要把你放到床上，讓你自己玩。」假使你這麼做，嬰兒卻開始哭泣，你可以說：「你還沒準備好嗎？」接著，父母可以躺到嬰兒旁邊加以撫慰。「太快了嗎？我就在旁邊陪你。」

如果嬰兒繼續哭鬧，請抱起嬰兒，讓他坐在你的腿上，等到嬰兒心情穩定下來、覺得心滿意足，再試一次。

⑵**嬰兒已經習慣被大人揹著、撐著或固定**。幼兒有辦法適應環境，但他們通常喜歡做自己習慣的事。嬰兒面對的是陌生的世界，所以你可以想見他們自然渴望熟悉感，而養成各種習慣。被揹著或是挺直坐著等習慣，久而久之會變成嬰兒的「需求」，不過，這些「需求」實際上往往都是父母所選擇的。

發展嬰兒獨玩的習慣，也是一種選擇。如果父母在嬰兒小睡、互動餵奶（attentive feedings）和換尿布的空檔，優先選擇獨玩成為「閒暇時間」的重心，嬰兒就能有效地發展這種習慣。

父母想讓已經習慣被揹或被撐住的嬰兒轉變為喜歡獨玩，關鍵在於逐步引入新的經驗並回應、有耐心而坦誠地溝通，例如對嬰兒說：「感覺不一樣，對不對？」

(3) **父母將孩子放下來就立刻離開**。沒人喜歡被遺棄的感覺。剛開始獨玩的時候，父母通常要抱著嬰兒坐在地板上，再把嬰兒放下來，陪嬰兒一會兒。如果父母決定離開，必須先告訴嬰兒，免得嬰兒對父母（和獨玩）的信任遭到破壞。

獨玩迷思三：玩的意思是「做」一些事。即使是最有意義、最有價值的獨玩，看起來也很像在消磨時間、想像、做白日夢、胡思亂想。然而，為了鼓勵孩子獨玩，我們必須：第一，看重獨玩；第二，觀察獨玩；第三，不要干擾。不干擾的秘訣是，除非與孩子有眼神接觸，否則不要與孩子說話。（附註：快樂的嬰兒不會覺得受到忽視，因為大人不會引起他們的注意，所以就算大人有幾分鐘不在，他們也不在乎。他們很清楚要怎樣尋求大人的關愛，你要相信自己的孩子。）

獨玩迷思四：封閉式遊戲區是受限的監獄。對培養獨玩來說，安全的空間至關重要。與在安全區域的嬰兒相比，跟著父母到處移動的嬰兒，即使待在家裡也無法專注於遊戲，或覺得自由自在，無論家裡有多麼安全。獨玩需要一個不必說「不行」的空間，而放鬆、信任嬰兒的父母必須陪在嬰兒旁邊，這樣才能為稚齡探險家打造安全基地。

獨玩迷思五：獨玩代表讓孩子孤單。獨玩有一個優點是，一旦建立了安全空間讓孩子獨玩，父母即可暫時離開整天黏著自己的孩子，做一點家事、上廁所、收發電子郵件等。

但是培養兒童自主遊戲的最高價值，在於父母因此學到新的方式，可以享受與孩子**一起**玩。這主要需要父母的觀察和反應，而不是積極參與。父母自然而然會想和孩子互動，但父母的參與往往會有接手主導權的傾向。我們玩得越多，孩子越會跟隨我們的引導，而越少創造或發動他們自己的計劃。

許多家長問我，該怎麼做才可以使不知不覺間被定型的小孩，在遊戲的時候不再依賴父母。一般來說，首先是要相信孩子的能力，且接受「沒什麼事做」（以及孩子對此所產生的沮喪）是完全沒問題的。家長要放鬆，陪在孩子身邊，讓孩子自行決定如何去探索，再回到你身邊。

獨玩迷思六：當孩子沮喪或要求幫助時，我們要為他們解決問題。兩秒鐘就可以為孩子解決問題是很吸引人的，我們因此不鼓勵自己容許孩子受挫，也不讓自己僅給予孩子言語支持，我們只重視結果（孩子往往不像大人一樣關心結果）。其實，即使你真的要提供幫助也不可以做得很明顯，因為這樣孩子才會做得比我們好。

若孩子尋求你的幫助，請你問他：「你想畫一隻狗嗎？你想要什麼樣的耳朵？喔，尖尖立起的耳朵嗎？你畫給我看。」你甚至可以拿著鉛筆，讓孩子握住你的手，把遊戲的主導權盡量交給孩子，也就是說，你必須允許遊戲結束時有些作品是還沒完成的。

獨玩迷思七：娛樂孩子、與孩子遊戲，是父母的職責。這個迷思的確有點道理。透過遊戲的樂趣與孩子連結，是我們的職責之一，但如果我們鼓勵孩子獨玩，我們會發現，放手讓孩子主導的喜悅，使親子共處的遊戲時間不再像一件苦差事。

如今，我的孩子都已長大，他們偶爾會邀請我一起遊戲，這對我來說是難得而珍貴的招待，我會欣然放下一切接受邀請。所以說，現在反而是我拜託他們讓我一起玩呢！

第16章

養成嬰兒健康的飲食習慣

如果我們吃什麼是什麼，我們豈不是飲食方式的產物？繁忙的新手父母，通常會先注意奶餵（乳房餵奶）或瓶餵（奶瓶餵奶）的方式，接著再提供孩子各種固體食物，煩惱從何時開始餵離乳食，餵什麼食物，順序如何，分量多少，如何提供均衡營養等。

多數父母都希望孩子養成健康的飲食習慣，想盡一切力量防止飲食障礙、童年期肥胖、缺乏維生素，以及一些父母重視的小問題，例如孩子想要把盤子舔乾淨，或情緒影響飲食等。

人類是習慣的動物，孩子生命的頭一年是最容易建立健康習慣的時機。以下有一些來自嬰幼兒專家瑪德・葛柏的餵食建議，可幫助孩子建立正確的飲食習慣：

放鬆，享受奶餵或瓶餵。使餵奶和瓶餵時間成為一段專注、親密、無憂無慮的時光。我們必須關閉手機、電腦、電視，避免任何會造成干擾的狀況，使餵食時間變得神聖，這麼做可使寶寶得到以下幾種益處：

⑴**嬰兒再度得到關愛。**奶餵與瓶餵時嬰兒若得到足夠的關愛，他們便可享受獨玩時光。

⑵**嬰兒學到吃東西要專心。**不專心餵食的父母，會教導孩子忽視飲食經驗。

⑶**最重要的是，孩子會感受到尊重與重視**，父母要求孩子積極參與餵食經驗，而不只是被動地餵食。

我最近和一位母親談話，她不相信自己在奶餵兒子時必須專心，因為每當她對兒子說話，兒子就會停止吸奶。我想，**這個男孩真是有禮貌，媽媽跟他說話，他就停止吸吮，專心聽媽媽說話呢！**我覺得他是想要努力表現自己有投入談話。

集中注意力，小心不要過度餵食。在餵食期間把注意力放在嬰兒身上，也會幫助嬰兒發展內部訊號。最近《每日科學》（*Science Daily*）刊登了一篇研究報告，結論是「專注力」在奶餵的時候比較容易形成。根據研究人員——公共衛生碩士凱瑟琳．伊塞門（Katherine F. Isselmann）表示：「……母乳奶餵無法計算孩子喝奶的量，因此母親會更注意孩子是否喝夠奶，也使嬰兒能夠發展自己的內部訊號，轉換成喝飽的訊息（編按：意指嬰兒會知道自己需要喝多少、何時該停止喝）。」

同一個研究還比較了接受母奶親餵與擠出母奶瓶餵的兩種學齡前兒童，發現母奶親餵的兒童不但比較容易辨識自己是否吃飽，他們的身體質量指數（BMI）也比較低。

而用瓶餵的母親則必須更專注，來覺察孩子的訊息，而不要只是注意孩子喝了多少奶。

盡量不要把食物當作安撫工具。餵哺寶寶不是因為寶寶餓了，而是其他的原因，或是把食物當作寶寶的獎勵與慰藉，會養成寶寶的依賴性，而且狀況會越來越糟。當然，如果這些情形都是例外而非定律，是最好的。

我們應該教導孩子最安全的飲食習慣：渴了才喝水，餓了才吃飯。

食物分量要小，而且不要「再吃一口」。餵剛開始吃固體食物的寶寶，瑪德·葛柏建議在寶寶的碗裡放小分量的食物（旁邊另準備一個大一點的碗），這樣一來，寶寶便不會因為食物太多而不知所措，也有機會釋放訊息顯示自己想吃更多食物。

我們想要相信孩子會掌握自己的胃口，當我們拿湯匙盛一口食物，放到他們嘴邊，他們會張口表示對食物的渴望，而不是哄小孩說「飛機飛過來囉」或「再吃一口嘛」，讓孩子把吃飯這件事當成取悅大人的遊戲。這種方法會造成孩子的暴飲暴食，或是讓飲食變成一場權力鬥爭。

為了讓寶寶更能主動參與吃飯，你可以給寶寶一枝湯匙，讓寶寶練習自己吃。但如果寶寶開始玩食物、不好好吃飯，你要溫和地勸阻。

吃飯不坐高腳椅。專為嬰兒吃飯設計的高腳椅，如今已成為照顧嬰兒的基本配備，但瑪德的獨特教法不需用高腳椅來餵孩子。瑪德的方法有助於在餵食時間建立親子的親密關係，還能鼓勵孩子建立獨立性。

簡而言之，如果寶寶還沒學會自己坐好，姿勢總是歪歪倒倒，父母就要抱著寶寶坐在桌邊吃飯。「還沒學會自己坐好」的意思是指，寶寶必須有旁人或物品的支撐，才能自己調整成正確坐姿。

等寶寶可以獨立安穩地自己坐好，即可移到小桌子吃飯（你可以利用早餐的托盤架、平頂的木頭腳凳，例如我們在RIE課程所用的就是一張很棒的腎形桌子，如果你或你才華洋溢的先生是好木匠，你們可以自製）。一開始先讓寶寶坐在地板上，熟悉後再找一張小凳子或小椅子坐，而你要坐在桌子的另一邊。

寶寶坐著的時候腳可以碰到地板，他們很愛這種獨立的感覺。而且，吃完或不想吃的時候，他們可以自由地離開桌子，這就是他們發出的吃飽訊息。寶寶很愛這樣，而不是等父母把他們從高腳椅上抱下來。

進一步說明請參閱以下 YouTube 影片：*Babies With Table Manners at RIE*（RIE嬰兒餐桌禮儀）。

無論何時何地，吃飯一定要坐好，不可狼吞虎嚥。吃飯一定要坐好，即使是在公園草地上吃零食。這樣可以避免噎到的意外，也可讓孩子養成放鬆地吃飯，專心細嚼慢嚥。這是良好的飲食禮儀，特別是到別人家拜訪的時候很受用（別人可能不喜歡看到餅乾屑掉滿地）。

要求寶寶吃飯坐好是孩子最早的有感行為界線。不要中寶寶的計，拿湯匙追著寶寶跑。只要我們堅持到底且明確表示，嬰幼兒絕對能夠在餓的時候坐好吃飯。

不要邊吃邊玩、邊玩邊吃。幫助孩子學會區分活動與吃飯時間，讓孩子知道要專心吃正餐和點心。若要讓孩子吃飯坐好（而不是爬上爬下地玩遊戲），桌子旁邊不能有玩具。如果孩子一定要玩，請要求孩子至少吃完再拿起玩具。

別過度擔心。孩子進入幼兒時期，難免有時不會聽從我們的要求。父母常因覺得孩子吃不夠量、體重沒有按照正常情況增加，而特別緊張。當然，我們必須定期去兒科健診，檢查寶寶有沒有過敏、是不是生病或有消化問題。但是，在寶寶的用餐時間務必冷靜，寶寶可以感受到緊張氣氛，這樣可能造成寶寶飲食不順，甚至引發其他問題。

以身作則，健康飲食。我們都知道父母應該以身作則，但是真討厭，我們就是喜歡站著吃、邊走邊吃。因此，這是另一個孩子使我們變得更好的機會。

寶寶的胃口唯有寶寶自己知道。因此，我們只能鼓勵寶寶跟隨並相信他的肚子。只要能在生命的頭幾年，為孩子建立健康的飲食習慣，接下來父母就可以高枕無憂了。

第17章

鼓勵幼兒說話的最佳辦法

首先，我要澄清一件事，希望能紓解你的緊張：鼓勵寶寶說話，並不是為了讓寶寶盡量多接觸字彙。

根據某些專家所言，三歲的孩子必須接觸三萬個字彙呢，真是神奇，請你不要理會這種建議，因為你的寶寶也不會理會。

老實說，如果有人在你身旁無故地叨唸不休，是不是很令人不悅？即使我們可愛的寶寶頗能勝任聽眾的角色，他們也無法專心聽你說話（因為他們無法請你閉嘴，只好自己放空）。

然而，促進嬰幼兒的語言發展，的確與我們教養者說話的質量和次數有關。不過好消息是，只要我們認知嬰兒是完整的人，此質量和次數便無需擔心。嬰兒自會成為有能力的溝通者，準備好被告知生活周遭發生的事，並回報、分享自己的想法和感受。

明白這個簡單的道理，親子即可自然地互動，因為我們已經建立了語言課程的基礎。但是請別忘了以下要點：

1. **從一開始就進行雙向溝通**。從寶寶出生的那一刻起，他們便需要我們主動告知（例如，我現在要把你抱起來），也需要我們注意他們發出的非語言訊息，傾聽他們的聲音與哭泣。如果你不明白其中涵意，就不要急著反應，請先等待。我們可以問問題，讓孩子有時間吸收，再傾聽他們。我們應盡一切努力來了解寶寶發出的溝通訊息。

剛開始的時候，我們不太可能每次都成功，但每一次嘗試都會造就進步。孩子也會因此聽見我們釋出的重要訊息：「我想要你告訴我，你需要什麼，以及你的感覺。我相信你有能力與我溝通，我將盡力了解你。」

這是至關重要的，只有我們可以打開這扇門，全心全意地邀請孩子與我們溝通。

2. **用真誠的聲音與第一人稱**。很多人都相信大人必須與寶寶說「嬰兒語」，所以我這麼說難免引起爭議，但是我發現，用我們平時的聲音（但要慢一點）與寶寶說話，並提醒自己，我們正在與一個完整的人說話，這樣會比較容易溝通，也不太會造成困擾（我跟我的狗就是說嬰兒語，所以我很清楚）。我建議父母使用自然的語調和語言，寶寶聽見的語言越適當，便學得越快，可以越快開口說話。

孩子從老遠即可察覺人的不真誠。從小沒有習慣人們說嬰兒語的孩子，若遇見說嬰兒語的大人，會覺得大人高高在上，不尊重他們。

此外，與寶寶說話要用第一人稱，不要說「馬麻愛小約翰」，這看似是微小細節，卻是另一個警醒：與寶寶說話，要使用人與人之間的正常對話模式。對一個剛接觸語言的嬰幼兒來說，他們正在學習，所以我們為何不用與大人說話的方式，來和嬰幼兒說話呢？這完全沒有道理嘛。

你根本不需要懷疑，寶寶知道誰是媽媽、爸爸、小約翰，他們不需要你說「馬麻」、「把拔」來提醒他們。父母當寶寶的優良模範，寶寶自然較易理解、運用發音。

3. **講述真實的、有意義的事。**說話不是用教的，而是需要**運用與練習**。舉起一顆球，並指著球說「球」的教學方式，效果遠遠不及把球放到完整的句子裡敘述（這樣才是有意義的），舉例來說，你可以陳述：「你往那顆紅色的球走過去，碰觸了球，接著球就滾走了。」

這樣敘述才會引起寶寶的注意，使寶寶學得最好。寶寶很可能對句中與自己有關的「走過去」、「紅色的球」、「碰觸」、「滾」等詞彙有興趣。不過話說回來，哪有人說一句話，還會計算寶寶究竟學了幾個詞？（除了專家以外……）

請注意，我並不是建議大人在寶寶獨玩的時候開口講話。當孩子專注於某個活動時，我們究竟要不要在旁解說，必須靠等待來評估。等待嬰幼兒給我們一個溝通的訊號，表示他們想要得到我們的反應。這個訊號通常顯現在嬰幼兒看我們一眼的時候。

4. **互動式讀書與說故事。**互動式讀書是指不要預設立場，而要隨著孩子的興趣反應。如果嬰幼兒願意用五分鐘讀一頁書，就讓他們停留，而你則把書頁上的所有東西盡可能說出來。讓嬰幼兒依自己的意思讀書，無論是跳過幾頁、倒過來看、故事**沒講完**就不讀（甚至連看都不看），只要他們想，通通都可以。我們相信孩子已經準備好了，也容許由孩子來主導讀書這件事，以鼓勵孩子培養閱讀習慣。愛看書的孩子必會愛語言，也愛用語言。

如果你屬於創意型父母（雖然結束忙碌的一天，我通常很難有創意），請自編故事講給孩子聽。我永遠忘不了我爸為我講的瑪麗和小狗的故事。其實，我不記得那故事情節有何特殊之處，但我非常享受爸爸對我的關注。

5. **慢慢來。**我自己經常忘記這一點。在孩子還小的時候，或許每個家長都應該把「慢慢來」寫成標語，貼在家中各個角落。和孩子相處有很多值得慢慢來的理由，特別是與語言有關的情況。我們慢慢來，孩子們才能聆聽、理解。

6. **放輕鬆，有耐心。**嬰幼兒可感受到家長的擔憂，因此緊張不耐的父母不能創造理想氛圍，使孩子的發展大步邁進。說話需要勇氣，因此請你放輕鬆、有耐心，相信孩子內在的時間表。我認識很多有耐心的家長，他們的孩子都曾在一夜之間突然冒出口說能力，出現「語言大爆炸」的情形。

不過，如果孩子的語言能力發展遲緩，或在某些領域的發展不如預期，依舊建議你諮詢專業醫師。

7. 不要測試。要讓孩子開口說話（或做任何事），最需要我們的信任。但如果我們測試孩子，即會失去孩子的信任，亦不夠尊重孩子。瑪德．葛柏有個經驗法則：「別問孩子你知道答案的問題。」例如：「你的鼻子在哪裡？」我們常會興奮地到處分享幼兒說話的可愛語調（「小約翰，說『烏龜』給奶奶聽，好不好呀？」）但承受表現壓力的幼兒會更不願意開口說話。

8. 牙牙學語也是說話。嬰幼兒的牙牙學語通常是真的在說話，如果這時你也跟著咿咿啞啞，或是忽視他們，都不夠尊重孩子，也不能鼓勵他們說話。請你這樣說：「你是在告訴我某件事情吧。你是在告訴我，貓剛剛走過去了嗎？」或說：「你今天說了好多事情喔。」

「修正和無視」會遏止嬰幼兒的語言發展，請注意。

修正：孩子在常學習使用語言的時候，容易「搞混」顏色、物種等概念，而大人時常糾正這些錯誤。我建議你別這麼做，這是不必要的，而且會遏止嬰幼兒的語言發展。我們應該有耐性地示範，幼兒便會漸漸懂得分辨狗與熊、紅與橘等。

在《全時間學習》中，作者約翰・霍特（*Learning All the Time*, John Holt）解釋：「孩子開始學說話，常會用同一個名詞來泛指一群相似的物件。」

換句話說，幼兒把每種動物都稱為「狗」，不表示他不知道其中的差異，因此，糾正孩子是不必要、無根據、易引起爭執而不尊重的。

霍特如此比喻：「假設有一個傑出的外國人士來訪問你，你不會一一糾正對方所犯的英語錯誤吧。或許這位傑出人士想要學好英語，但當面糾正很無禮。而我們從來沒想過，有沒有禮貌這件事竟也適用於幼兒。不過，事實的確是如此。」

無視想法與感受：比如說，孩子要求（以自己獨特的方式）你幫他換尿布，但你卻發現尿布沒溼；或者，你兒子說「瓜瓜」，表示要吃甜瓜，但他剛剛才吃過。在這些時刻，請你不要直覺地反應：「你的尿布不需要換。」或者：「你剛才吃過了，你又不餓。」而應接受並認同孩子與你的溝通，不帶有一絲批判。

「你說你要換尿布？」（等待回應）「你想吃甜瓜？（等待）喔，你不餓？（等待）你只是喜歡說甜瓜？這個詞說起來很有趣，是不是？」

當我們傾聽並尊重這些剛起步的溝通嘗試，孩子會覺得受到鼓勵，而繼續說話。他們會感覺到，自己最隨性的想法、感情和意見，都可被我們接納。我們因此可得到一個絕佳的機會，成為他們未來幾年內最親密的知己。

（註：若你對孩子的語言發展有所疑慮，請上美國兒科醫學會網站 American Academy of Pediatrics，尋求有益的指導。）

第18章

培養創意：學會閉嘴

幾年前，我兩歲半的女兒正在為復活節彩蛋上色。她把一顆蛋浸入紫色染料，準備混入黃色染料，此時我即時阻止了她。「這兩種顏色混在一起，妳可能不會喜歡。」我這麼警告她。她一直是個有主見與行動力的女孩，她無視我的勸阻，動手混合顏色。而我堅信這兩色混合一定會像六〇年代末的骯髒粗毛地毯。

但令我吃驚的是，她完成的彩蛋簡直美不勝收，散發著綠褐色調的光芒，我從沒見過這種耀眼的顏色，甚至超越班傑明．摩爾（Benjamin Moore，美國著名油漆公司，網站提供各色油漆配方與配色表，是室內設計師的重要參考）所提供的油漆配色參考。而我平庸的復活節彩蛋眼光，差一點隨便抹煞了孩子的傑作。

我不禁想，是先有雞還是先有蛋？這永遠是個難題。但我確信，如果「蛋」代表孩子的創造力，家長的信任必須先於蛋。信任孩子的直覺，等於是鼓勵孩子自由運用創造力。

每個人都有創造力。創造力教不來，你買不到一組創造力的ＤＩＹ組合，創造力不會來自一堂幼兒舞蹈課或是父母的高見。創造力的靈機一動往往出乎意料，來得無影無蹤。只要我們不指揮、不批判，創造力的流動會更自由。

我的創意總在跑步幾分鐘後恣意流動，往往造就創造性的發想。有時我會在沐浴中或似醒非醒之際靈機一動，此時自我批判還來不及帶著是非對錯與自我懷疑闖進來。

兒時的我們與創造力相連的線路依舊暢通。而為了保持孩子的創造力線路暢通，我們必須有耐心地、接納地提供許多時間，讓孩子獨玩、自己做選擇，然而最重要的是，不要下指導棋，無論是正面或負面的評斷，對孩子來說都是批判，我們原本的善意很可能反而變成干擾。

兒童學前教育家兼著名講師比芙．博斯（Bev Bos）呼籲：「不要為孩子描繪藍圖。」她的建議範圍可延伸到繪畫、雕刻、手工藝、堆積木、建沙堡、故事創作，以及所有藝術創意上。

我們示範給孩子看，如何做這些事情，原本是打算激勵他們的創造力，卻因為展示了「正確之道」，反而干擾孩子。我們使孩子自我懷疑，等於是在養成孩子的依賴性，依賴別人指出什麼才是「正確」、「好的」。雖然一個剛萌芽的藝術天才可能能夠堅持到底，擺脫我們的影響，但我們仍不希望阻礙任何一位孩子所進行的每一項創造力實驗，也不想妨礙他們透過具創造性的遊戲，得到治療的效果。

創造力是渾然天成的，但它需要我們的勇氣，讓孩子跟隨直覺、展現創意。舉例來說，每當我寫了新文章並發表出來，那感覺就像從飛機跳下來。創造的勇氣是在枯燥黑暗裡閃耀的光，有時是突然想出一場活動，有時是大膽運用文字與圖像來填補空白。我曾發現一個三歲女孩躺在床上「夢想著自己在騎大象」，像在描繪一幅圖畫，但可惜除了我沒人發現小女孩的創造力（只要仔細觀察，你就看得見）。

愛因斯坦曾說：「我相信直覺和靈感……有時我覺得自己必定是對的，但我不知道原因。」孩子天生便有這種信念，但他們的判斷力和能力很容易受我們的質疑所動搖。

我們必須保持高度警覺，不要讓孩子的強大直覺淪為取悅我們的工具，如此才能讓孩子信任自己內心的聲音。一如我的經驗，有些大人要學會閉嘴，孩子才能夠繼續聆聽自己的心。

第19章

「實況轉播」孩子的爭執

「實況轉播」是瑪德．葛柏專用的術語。她建議家長，要以「非批判性、只說事實、口語表達」的方式，支持嬰幼兒發展新技能。實況轉播員不批判、不修正、不羞辱、不責怪、不投射個人情緒。我們只需保障孩子的安全，在旁觀察並說出他們的所見所聞，提供孩子開放的空間，等待他們自己解決問題，或轉向其他事物，例如：

「你很努力地拼拼圖，你好像很沮喪。」

「莎維娜，妳玩過熊了，現在妳讓艾麗玩。妳們都想要抱熊。莎維娜想把熊拿回來……艾麗，我不會讓妳打人。」

「你想要倒過來爬下階梯，我會保證你的安全。我不會讓你掉下去。」

實況轉播有五大好處：

1. **我們做得越少，孩子思考、學習得越多**。出乎意料的是，孩子挑戰任務、解決手足同儕的衝突，最需要的往往就是我們實況轉播式的小型評論。若孩子需要更多幫助，我們可以從「實況轉播模式」轉為「面試模式」，平靜地提出開放性問題，例如：「你們都想要那顆球。你們打算怎麼辦？」

如果孩子的爭執繼續、情緒累積，我們可以加以分析再提出一兩個建議，例如：「你注意到了嗎？籃子裡還有另一顆球。」或是：「你可以先把一隻腳往下一階移動看看。」

如果是兩個以上的孩子在玩遊戲時發生了衝突，而其中一個孩子比較難過，我們可以介入詢問：「你還好嗎？」如果孩子表示不好，我們可以建議：「你可以說『不行』，然後離開。」（接著，如果有必要，我們可以悄悄地停止這行動。）

少即是多。

RIE親子課程通常會在孩子大約兩歲的時候結束，但我有一堂課直到孩子三歲才結束。這提供我特別的機會，能夠與學齡前兒童一起練習實況轉播與面試模式。這些三歲的孩子比兩歲的孩子有更豐富的語彙量，使我得以磨練「採訪技巧」，而結果出乎意料地美好，證明到了三歲這個方法仍然有效。（當然，這些孩子受益於RIE教養法，他們受干擾的程度已降至最低，已習慣了自己解決問題。）

當時，我看見幾個孩子在爭奪一個玩具，便開始實況轉播：「蘿拉，妳想要那台車做什麼？」

「我想讓車滾下斜坡。」

「傑克，你看起來很不高興。你**想讓**那台車做什麼？」他表示要在牆上玩車。「傑克要在牆上玩車。嗯，那你們兩個想做什麼？」

我驚訝地發現，向這些三歲孩子提問，讓他們思考並表達自己的想法，往往可以解決他們的爭執。後來，有些孩子決定一起玩，且規定大家要輪流，有些孩子則決定不玩車，跑去玩別的玩具。這都是由他們自己決定的。

或許我們會很想去領導、指揮或幫孩子解決問題，但只要我們能控制這些衝動，孩子即可學到更多並建立信任。

2. **提高信任感**。實況轉播是我們處理衝突的最佳工具。它可以把干擾降至最低，是最有效的，因為實況轉播傳給孩子的是信任與信念。透過實況轉播，我們向孩子表示：「我在這裡，我支持你，我有信心，你可以處理這個情況。」

身為實況轉播員的父母不擔心孩子所具有的失落感、挫折、失望與憤怒（這都是符合孩子年齡的正常反應），而會有耐性地認同：「你還在為剛剛倒下的塔難過，這真的很掃興。」

應該發生什麼就發生什麼，我們不為孩子解決問題，不養成孩子的依賴性，而要養成孩子的應變能力與自信。

3. **提醒我們不要批判或偏袒任何一方**。實況轉播使我們放下天生的批判與投射傾向。這是很重要的，因為每當我們批判孩子或其行為，就會造成羞辱、內疚與距離，使親子關係出現阻礙，破壞孩子的學習和自信。

我要指出問題時，會特別注意不要羞辱孩子，所以我很不喜歡用「拿走」這個字眼。對我來說，「你玩過了，現在換湯米玩」和「湯米從你手裡拿走了玩具」，這兩者有著微妙且重要的差別。

孩子對「遊戲」、「好玩」、「問題」往往都有不同於大人的定義。我永遠忘不了**有一次**，我兒子正承受姊姊尖銳無情的語言攻擊（在我看來），而我想要支持兒子，他卻指著門要我「袖手旁觀」。我知道兒子不是被虐狂，所以我只能假設他泰然自若。

透過實況轉播我們證實，接受現實的狀況可幫助我們擴大視野、敞開心胸。

4. **鼓勵孩子不要自認為是加害者或受害者**。大人的過度保護、羞辱或選邊站，可能會造成孩子的問題。其中一個最大的問題是，我們很可能不智地塑造了孩子加害者或被害者的角色。加害者相信自己是惡劣的，受害者則感到懦弱無能，而且兩者都相信自己必須依賴大人的干涉，才能解決他們的問題。

5. **幫助孩子對情勢能有更清楚的認識，教導孩子語言、社交與情緒智力。**透過實況轉播，我們可促成體驗式的學習，這是最好的教育，最有意義也最深刻的。

然而在某些情況下，實況轉播是**不夠**的，父母與照護者可能必須介入。例如：

(1)安全問題。安全永遠必須擺在第一位。

(2)會造成分裂或破壞的行為模式。舉例來說，孩子需要被溫和堅定地提醒，不要總是想拿走別人的玩具。

(3)兒童專注投入某個計劃時，應該受到保護。但是，如果我們來不及阻止孩子去摧毀另一個孩子的計劃，我們還是要繼續實況轉播，與孩子對話。

實況轉播就像所有優良的育兒法則，重點在於信任孩子的先天能力，因此不要介入孩子的計劃，留出空間，就可以讓孩子的應變能力越來越強。

第20章

幼兒與分享

有一個字眼在每個兒童遊樂場都受到歌頌，它被用於每座公園、每場宴會與每個兒童玩伴聚會。這是個全社會共通的親子口頭禪：分享！

我們都企盼孩子懂得分享。分享是至關重要的，世界的未來取決於孩子的慷慨精神。但我們更擔心的是，如果我們不提醒孩子分享，他們可能會變成自私、小氣的人，被其他人排擠。也許我們還會被視為放縱、輕率、沒禮貌的父母。

但幼兒其實還不理解分享的概念，而父母對「分享」的關注可能反而造成誤用，使「分享」變得沉重。我們雖說「分享」，但這背後真正的意思卻是指「把你擁有的東西送給另一個孩子」。

如果分享表示必須放棄，孩子為什麼會想與他人分享他的紅色卡車呢？幼兒想要他們看見的東西，他們看見的東西就會變成他們的。「我的」一詞代表：我看見、我想要、我正在使用。爸媽在店裡買了一個東西，因此這東西是屬於他們的，這種所有權的概念，幼兒並不能完全理解。

參加RIE親子課程的孩子們經常會想要同一件玩具。給予和接受玩具成為社交行為，這是嬰兒與其他嬰兒接觸的初步嘗試。孩子們看起來像在爭奪玩具，但你只要耐心地客觀觀察，通常可以發現孩子的壓力並不大，反而是好奇心比較多。

無論孩子相互交流所得的反應是驚喜或失望，瑪德建議照護者最好做實況轉播，而不是干涉。「實況轉播」是指，以就事論事的方式，認同孩子之間的相互作用，而不要有責怪的意味。孩子感覺到大人的理解，往往會平靜下來。例如，我們可以說：「雷克斯，你剛剛拿著那台車，現在換蘇菲拿著了。」或者：「你和蘇菲兩個人都想要那個玩具。」

幼兒的世界沒有壞人也沒有受害者，有的只是孩子藉由各種行為實驗來學習的社會行為。

當嬰幼兒有機會進行不受干擾的社會化，他們會嘗試各種選擇。例如，是否該放手，讓其他孩子把球拿走？如果緊緊抱住球會怎樣？如果分享或把東西送給另一個孩子，那個孩子會如何反應？

如同瑪德在她的書《你的自信寶寶》所提醒的：「自學學到的無論是分享或緊抓不放，都會與孩子共存很久。」

孩子經常表現出，自己有興趣的是與另一個孩子的互動，而不是玩具本身。某種玩具可能有很多個，但孩子只想要某個「熱門」的玩具，這種情況很常見。玩具爭奪戰快速結束之後，玩具通常會被拋在一旁，變成「冷門」項目，沒有人想要了。因此，在這種情況下，最好把決定權留給孩子，大人只需在旁邊確保不要發生打架或傷害。

很多年前，我在一場幼兒權力爭奪戰中，看見了大人無謂的干擾。那時，我帶女兒去她朋友家玩。女兒和她朋友都想要一個特別的娃娃，對方的善良媽媽不忍心看到她們吵架，所以拿來一隻絨毛烏龜想取代那個娃娃。當然，最後兩個女孩變成都想要烏龜，於是那位媽媽又去拿其他玩具，如此一個換一個，每個玩具都輪完一圈，兩個女孩還是在爭奪玩具。最後，淚水和哭喊終於結束，女孩們完成了競爭，她們拋下所有玩具到院子去玩耍，又變回好朋友。

那麼，我們該如何教孩子與他人分享呢？

1. **成為慷慨的模範**。例如，對孩子說：「你想要我的餅乾，我就與你分享吧。」或者：「我們一起共用這把傘。」

2. **孩子表現得慷慨，便加以認同**。例如說：「你真親切，和羅伯特分享了這些積木。」

3. **最重要的是，我們必須有耐心，並且相信**我們的孩子將學會分享。

當自己的孩子拿走別人的東西、緊緊抱住別人想要的玩具，或是因為別人不想分享玩具而難過，父母都會覺得不太舒服。但是這些在我們眼裡看起來很嚴重的情況，對孩子來說往往沒什麼大不了。

若我們無謂地介入孩子的爭執，強迫他們分享，等於是剝奪他們社會學習的經驗。若我們堅持孩子必須分享，卻忽略他們可能未必了解分享的意義，我們可能使「分享」變成一個不好的字眼。

當孩子開始對別人產生同理心，孩子就會分享；而同理心的塑造，來自於父母對孩子的耐心與信任。

第21章 上廁所訓練的問題

我所聽過的傳統上廁所訓練方法，說得客氣一點，大多令人失望。這些方法通常把重點放在如何輕鬆處理的「技巧和秘訣」，還誇耀在短時間內達成訓練任務的優越感。

難道我們不應該有一點點的尊重嗎？

上廁所訓練不應是我們施予孩子的，也不是孩子取悅我們的方式，所以孩子不需要被小點心和獎勵操縱。上廁所是自然而然的過程，最好全由孩子帶領，我們僅在一旁支持。

是的，我明白父母的疑慮和擔憂，也對上廁所訓練感到不耐煩，不過每個健康的孩子終究會上廁所。但是，我們卻常在孩子準備好之前，創造抗拒、不信任，甚至羞辱孩子，哄騙他們去上廁所，而不願多等待一刻，讓孩子準備好。

「訓練」一詞的問題最大，它使我們以為父母必須採取主動，卻不顧這個過程最好要自然發生。孩子準備就緒，便會自我訓練。我們只須耐心等待，創造認同孩子需求的氣氛，讓孩子可以啟動從尿布到廁所的轉化過程，輕鬆掌握如廁技巧，獲得屬於孩子的自主權。孩子的身體、認知與情緒三者兼備，正是關鍵。

身體：必須具有大小便的能力，能夠控制肌肉。

認知：必須充分了解他們應該做什麼。

情緒：必須準備好放棄一種較舒適的狀態（亦即隨時可以利用尿布排尿和排便的狀態）。

家長從孩子出生開始，就在為孩子的這些準備奠基。我們使換尿布變成親子共享的歡樂時光，在換尿布的過程中，放慢腳步，與寶寶說話。

在孩子開始顯露上馬桶的跡象之前（孩子告訴你他尿尿了；孩子想要立刻換掉溼尿布；孩子在尿前先跟你說），不妨先準備一個小便盆。而且每個照顧孩子的人都要有所準備，千萬別要求或催促孩子用便盆。

有些孩子在這方面極為敏感，不喜歡被催促，甚至可能好幾天忍住不排便，或是變得穿上尿布才願意排便。這種情況甚至可能延續好幾年，錯過原本應該自然學會自己大小便的時間。

我看過一些案例，父母哄騙孩子使用便盆，使孩子形成抗拒模式。這種親子之間的抗拒模式，甚至蔓延到成年期的其他層面。因此，家長務必謹慎處理上廁所訓練這個問題。

最安全的方式是放鬆、保持耐心，讓孩子在想上廁所的時候，自己告訴我們（而非逼他們使用便盆）。這種自我訓練時間可能需要好幾週，甚至幾個月。孩子的生活受到干擾（家庭有新成員誕生、搬家、旅遊等）可能導致訓練上廁所徒勞無功，即使孩子原本已學會自己上廁所，也可能前功盡棄，恢復原狀。如果遇到這種情形，你最好順孩子的意，即使你認為上廁所訓練已結束，家裡還是準備一些尿布和尿褲。

相信孩子會有回報。對於上廁所這項全新的自主權，孩子會感到自豪，並增加自信心。你「放手」相信孩子，等孩子準備好，可使孩子「堅持」自己的內在驅動力。畢竟，如果我們連控制身體的能力都是為了取悅父母，那麼我們還能掌握什麼？

第22章

世上沒有壞孩子

幼兒的脫軌行為並不可恥，也不需要懲罰。孩子可能是想要引人注意而哭泣、想要睡覺而胡鬧，或許他們的行為只是提醒了父母要更堅定，設下的規定要更有一致性。這是孩子在測試自己剛萌芽的獨立性，是不可壓抑的，他們想要掙脫界限，同時迫切地想知道自己安全無虞、沒有越界。

孩子必需守規矩，這是毋庸置疑的。嬰兒專家瑪德．葛柏說：「不守規矩，不代表父母仁慈，而是疏忽。」

健康而有效的管教才是關鍵。幼兒期是磨練父母教養技巧的絕佳時期，可為孩子的未來提供誠實、直接、富有同理心的領導。以下是指導原則：

1. **選擇在幼兒熟悉的環境，給予實際的期望。**寶寶熟悉的日常慣例使寶寶能參與人們對他的期望。這就是管教的開始。對嬰幼兒來說，家裡是一個度過生活大半時間的理想場所。當然，偶爾我們出門辦事必須把孩子帶在身邊，但是我們不能指望一個嬰兒在晚宴中，或是逛一整天購物中心、上一整天課之後，能有什麼傑出表現。

2. **不要害怕，也不要責怪自己。**若孩子在我的課堂上失控，父母經常會擔心孩子變成霸凌別人的小混球，或是過動兒。但父母投射出這些恐懼，可能會造成孩子內化負面人物的形象，或接收父母的緊張而加劇不當行為。

不要為孩子的行為貼標籤，反之，應該在錯誤行為萌芽之際，先若無其事地遏止。如果孩子把球丟到你臉上，先忍下來，孩子這麼做並不是因為討厭你，他不是壞孩子。他是以幼兒的方式尋求他所需要，卻沒有得到的限制。

3. **在當下從容反應，表現得像個CEO。為孩子**設定界線（行為限制），需要一些時間找到適當的口吻。近來我一直在為這麼做的家長加油打氣，我教他們想像自己是一間大公司的CEO，而孩子則是崇敬CEO的部下。CEO會自信地糾正錯誤，有效率地下達指令。CEO不會用不確定或質疑的口吻，也不會生氣、發脾氣。

我們的孩子需要感受到我們不是在擔心他的行為，或是有兩套標準。我們從容地控制場面，孩子就會安定。

訓斥、情緒化反應、斥責和處罰，不會帶來孩子所需的清明思緒，還會製造內疚與羞辱。你只需要簡潔地就事論事：「我不會讓你那麼做，如果你再扔，我會把它拿走。」伸手直接阻止孩子的行為，是最好的反應，但你的反應必須快，一旦錯過時機，便為時已晚，只能等待下一次機會！

4. **以第一人稱說話**。家長經常養成自稱「媽媽」、「爸爸」的習慣。幼兒期的孩子正在學習使用第一人稱，因此親子要以最直接、最坦白的方式來溝通。幼兒透過測試界限（行為限制）來認清規則，「媽媽不希望艾瑪打狗」這句話，並沒有直接給孩子必要的互動（以「我」和「你」來指稱，才會形成互動）。

5.不要用「暫時隔離」的管教方法。我時常想起瑪德・葛柏模仿她祖母的匈牙利口音，這樣問我們：「暫時隔離（time out）是在隔離什麼？要隔離一輩子嗎？」

瑪德是「直截了當」的信徒，相信親子之間的坦誠言語。她不相信「暫時隔離」這種花招，尤其不信任控制、懲罰孩子的行為。如果孩子在公共場所行為不妥，通常表示孩子累了才會失去控制，此時父母必須帶孩子離開現場。

在這種情況下，即使小孩亂踢亂叫，也要把小孩抱到車上載回家，這才是尊重孩子的處理方式。若孩子在家裡鬧脾氣，則必須帶孩子回他的房間關上門，但大人必須與孩子一起待在房間裡，直到孩子恢復自我控制能力。這不是懲罰，而是關心的表現。

6.後果。當一個三歲孩子藉由前述的方式自然地體驗到自己行為的後果，即可學會守規矩。但父母如果採用暫時隔離的懲罰，孩子只會與自己的行為脫離。孩子亂丟食物，表示用餐時間結束，孩子不能再吃東西；如果孩子不肯穿好衣服，今天就不去公園。父母的這些反應會使孩子感受到公平性，雖然孩子可能會對這些後果產生負面反應，但他不會覺得自己被操縱或羞辱。

7. **孩子想哭就哭，不需要受限制**。孩子的行為需要受限制、守規矩，但他們對我們設下的界線與規則等，當然會產生情緒反應。這些情緒反應合該被允許，父母甚至應該鼓勵孩子表現出這些情緒。

幼兒期孩子的情緒可能很強烈，他們具有衝突的情感。孩子可能需要表達憤怒、挫折、困惑、疲憊和失望，尤其當我們設定了界線，使他們得不到自己想要的東西時。孩子需要安全表達情感的自由，不必接受我們的批判。或許孩子需要靠打枕頭來表現情緒，你拿一個給他吧。

8. **無條件的愛**。管教孩子守規矩的時候，若收回關愛，等於是在告訴孩子，我們的愛與支持瞬息萬變，會因為他暫時的行為不檢而瞬間消失。這麼一來，我們如何能培養孩子的安全感呢？

美國教育家艾菲・柯恩（Alfie Kohn）二〇〇九年於《紐約時報》發表了一篇文章〈有時家長說「我愛你」意思是「照我說的去做」〉（When A Parent's 'I Love You' Means 'Do As I Say'），他探討這種條件式教養所造成的傷害，會使孩子反感，不信任也不喜歡父母，還會讓孩子感到內疚、羞愧、喪失自我價值。

9. **絕對不要打屁股**。打屁股對親子關係來說最具破壞性，而且打屁股會使孩子產生暴力行為。專欄記者愛麗絲・帕克（Alice Park）在〈打屁股的長期影響〉（The Long-Term Effects of Spanking）一文指出，近來的研究報告顯示：「……有強力證據證明，孩子對打屁股的短期反應很可能會造成長期的行為失控。一個近兩千五百名幼兒參與的研究顯示，經常被打屁股的三歲孩子，到五歲較容易有過動傾向。」

真正的愛不會故意讓兒童痛苦，但不幸的是，孩子往往嚐到愛與傷害的關聯。

我們愛孩子，不代表要無時無刻讓孩子快樂，避免親子的權力鬥爭，是指我們要做全天下最困難的事：真心誠意地向孩子說「不」。

孩子需得到我們直接而坦白的回應，才能夠內化是非概念，並發展出真正的自律，尊重自己也尊重別人。如同瑪德在《親愛的父母：懷著尊重照顧嬰兒》（*Dear Parent-Caring for Infants With Respect*）一書所說：「教養之目的是養成孩子內在的自律、自信與合作的喜悅。」

第23章

界線爭奪戰（三個常見原因）

我在與父母諮商的過程中聽過最令人失望的事，是他們表示不喜歡為人父母，尤其是為孩子設定界限（行為限制）往往成為父母混亂與內疚的源頭。感覺到孩子很不快樂，最令他們擔心。這通常是因為親子雙方都不知道該如何設定界線。

這樣的父母最不需要擔心自己是否過度嚴苛，因為嚴苛根本不在他們的思考範圍內。他們就像早年的我，受瑪德．葛柏的教養方式吸引，試著尊重嬰兒，視嬰兒為完整的人，相信嬰兒內在驅動的發展，鼓勵他們自主獨玩。

對我們這些父母來說，信任、同理心和無條件的愛來得很自然，然而界線卻不一樣。

我們可以輕易地提供孩子信任和自由，卻忽視孩子更重要的需求。孩子需要徹底的安全感。事實上，太多自由反而會使孩子感到**完全的不自由**，因此常會藉由逾越界線的行為，來表達他們的不適應。

孩子要體驗真正的自由和幸福，即需要一位溫和的領導人，讓孩子對家規有明確的認知與期望。在自由與界線之間，孩子需要一個健康的平衡。

過去我與多對家長接觸的二十多年間（而且我自己也是家長），發現許多家長都難以找到這個平衡，而最常見的理由是：

我們不想讓孩子不開心。誰想呢？面對孩子強烈的情緒，我們難免會不舒服，這是父母難以設定明確界線的首要原因，而且可能使我們質疑自己要做的決定：

嗯，我還是抱著自己的五歲小孩過街吧，別管我的背痛了。

乾脆把藍色杯子還給他好了？就算他改變主意，再度尖叫：「不要，我想要綠色的！」當然，我很不爽，但還是再試試看吧，讓他開心一點比較好辦。

反正我沒那麼急，不如再等十五分鐘，看她要不要坐進安全座椅吧。

孩子隨著年紀增長，會對我們所設定的界線產生相應的抵抗力與強烈的情緒反應，使我們內疚、擔憂，消磨我們的心志，毀掉一整天的好心情。父母要設定有效的界線，使自己得以享受孩子的幼兒期（其實是讓父母生存下來），即必須習慣這種基本的動態平衡：我們滿懷信心地設定界線；孩子表達不滿（還有無奈、失望、悲傷、生氣、暴怒）；我們在風暴中屹立不搖，有耐心地接受和認同孩子的不滿。

孩子經常測試我們的底線，因為他們本能地知道自己需要我們冷靜、有信心的反應，這樣他們才會有安全感，才能釋放內心不舒服的浮動情緒。我們接受這些情緒，可紓解孩子的測試需求，這是可深切表達母愛與父愛的方式。請多練習，你會變得比較上手。

近來有些不贊成懲罰的育兒專家提出了令我困惑的建議，我對這些建議很失望，而且我覺得這會讓尋求協助的父母產生誤解、混淆和阻礙。他們的建議如下：

(1)「設定限制，只能基於顧慮孩子的安全。」

這個建議只適用於沒有安全感的兒童與憂愁的父母。如果這麼做，我們要如何建立孩子的安全感與內心的平靜，讓孩子明白自己只有兩歲，沒辦法負起所有的責任呢？而且這句話是否代表父母沒有權力設下自己的個人界線，亦無法自我保護（編按：此句意指這個建議讓父母無權設下自己可忍受的底線）？

(2)「不要設定可能被孩子看成處罰的界線。」

這建議正中父母心中的疑惑與恐懼，可能讓父母一整天都在質疑自己是否使孩子不開心。其實身為尊重孩子、勇敢承諾不懲罰孩子的父母，我們必須准許自己，為自己與孩子做最恰當的決定。

如果孩子一直尖叫，即使孩子很生氣，你還是可以暫避到其他房間；你可以誠實地說：「除非你幫我把玩具撿起來，否則我們不能去公園玩。」或是：「請過來刷牙，我們才有時間多唸一本故事書。」或是：「你想要玩折好的衣服，但我不希望衣服掉在地板上，所以我要把衣物籃收起來了。這個空籃子給你玩。」

如果我們認為剛才所做的決定不公平或不必要，我們可以改變心意或道歉。但為了加強孩子的安全感，這些決定必須奠基於力量，不能猶豫不決。我們要溫和堅定，讓孩子有自信。因此，我們必須先相信自己。

(3)「若孩子測試我們的底線，請讓孩子笑。」

若孩子測試我們的底線，我們難免會惱怒（還可能更糟），所以在此時要求父母改變氣氛，把僵局轉為歡樂，實在是有點離譜。

然而，這的確是某些要父母溫柔、不要懲罰孩子的育兒專家所提出的建議，他們要求父母即使面對孩子打人咬人的激烈行為，也要先試著逗笑孩子。然而我曾親眼見證這個建議所造成的諸多問題，不知該從何說起。

首先，在我們不高興或生氣的時候，故意假裝很好笑或很了不起，對我們與孩子來說都沒有好處。我們難道要放棄呈現真實的一面嗎？這麼做難道不會讓孩子以為負面情緒很不應該嗎？還是生氣的人應該笑才對？其次，如果孩子的行為激怒了我們，該怎麼做呢？在這個時機點開玩笑、玩搔癢遊戲、把水果丟來丟去，這種反應健康嗎？經驗告訴我，並不是。

諷刺的是，同一批專家也大聲疾呼，必須讓孩子表達強烈的感情，但這個建議根本無法幫助父母將這種挑戰經驗用於日常，基本上只是在說：「若非不得已，不要讓小孩哭。唱首歌，跳一跳，想辦法讓孩子笑。」

害怕我們的界線可能會摧毀孩子的自由意志。這句話的實際作用剛好與它的意義背道而馳。多年來，我不知諮商過多少無法制定界線的父母。而這些父母一旦開竅且改變作法，就能立刻看見孩子行為上的驚人轉變。從前緊緊黏著父母的孩子，一下子變得不再時時刻刻想要控制與父母或同伴在一起的情勢，能夠專注於遊戲，與同伴來往，盡情參與點心時間，心情輕鬆愉快，可表達喜悅。

這才是自由。

第24章

小孩對守規矩的想法

人們告訴我，我「懂得」幼兒（這是最大的恭維）。這可能是因為我個人的情緒發展有一部分很像幼兒，但我還不了解原因。也可能是因為我長期觀察幼兒，已經開始認同他們了。

例如，有時課堂上的父母要孩子別亂丟玩具，我不會被父母說服，反而想站在幼兒那邊亂丟更多玩具。又有時候，孩子剛到教室就說他想要離開，家長會覺得：「現在是怎樣？」或是不知如何是好，這時我會感受到孩子的急躁。幼兒會堅持立場，直到父母斬釘截鐵地說：「我聽你說要離開，但我們不會離開，會一直待到課程結束。」

如果幼兒能分享自己對守規矩的想法，我想他們會說……

讓我成為你的盟友。不要想「叫我去做」什麼。不要玩花樣、賄賂、羞辱或懲罰我。與你對抗是很可怕的事，我絕對需要你站在我這邊。

所以，若我做你不想要我做的事情，為了不讓你肝火上升，請盡快心平氣和地制止我，或讓我看看你想要的是什麼。阻止我的時候請和藹（但堅定）。你的冷靜行動與提出的正面選擇（例如：我看你在玩，我想知道你要現在進來換尿布，還是要過五分鐘再進來？）可幫助我優雅地接受你的指示。

不要因我的反應而害怕設定界線。若你膽怯、試探、逃避，我會不安。你這麼做，我無法得到安全感，如果我全心依賴的人，因我的感受而動搖或遲疑，我如何產生安全感呢？

所以，請在你句子的末尾，告訴我你的界線，然後心平氣和地接受我的不滿。或許你從來不知道，但我願意欣然接受你的指示。我不會因為你的指示而心靈受創，你的指示反而釋放了我，對我有很大的幫助，我必須有你的指示才會快樂。

告訴我真相。請以簡單的字句告訴我，使我清楚知道你要什麼。我還在學習，可能需要多次提醒，所以請保持耐心，盡量平心靜氣，即使你已經說過了（說真的，我並不想煩你）。

不要生氣憤怒。與其生氣，不如幫助我。你的負面反應，不會讓我有安全感。我需要知道，我的行為不會影響你，請以關心和信心來處理我的問題。如果你不做，誰來做？

如果我一直重複同樣的行為，是因為我還沒明白。你可能不夠有說服力，或者太激動、太情緒化。若你給我「臉色」看，或是聲音裡帶著憤怒，會使我不知所措，只好繼續做同樣的行為，直到你能平靜回應我。

我需要知道，我的行為是不受允許的，但我也需要你一再保證，讓我知道我的行為沒什麼大不了，你掌握了大局。你會展現耐心、冷靜、堅持，給我短暫、尊重、直接的反應，使我們都能放手繼續前進，知道彼此的關係依然堅固。

從我的觀點來思考，並且盡量認同……即使我的觀點很荒謬或錯誤。世界上沒有錯誤的慾望與情感，只有錯誤的表達方式，不是嗎？我必須知道，自己可以擁有這些情感，你能了解我，也會一直愛著我。請讓我知道。

請記住，我不想當老大，雖然根據幼兒信條，我永遠不會承認這一點。但我是可以被說服的。我想讓你相信，你要我坐著吃東西的簡單要求，對我完全是折磨，請你不要因此嘲笑我、指責我，但也不要相信我，你要懷著愛，堅持住。有一天，我的堅強意志將會使你驕傲。但是假使你經常放棄，我將會感覺不那麼堅強，因此更不穩定。

請給我很多「肯定」，若我做了好事，請給我你的所有注意和讚賞。我們都需要平衡。

讓我成為問題解決者。如果我們總是事與願違，請想一想，我能夠幫助你找到解決方案，尤其是當我長得更大時。

謝謝你做這些真的、真的、真的很難的事，幫助我成為受同伴歡迎的小孩、受父母喜愛的小孩、受同伴家長喜愛的小孩，最重要的是，成為你在世界上最愛的人……永遠永遠。

第25章

自然而然讓幼兒守規矩

養育孩子，讓孩子大致願意配合我們的規則和指示的秘密，無關於特定的策略或「我不會讓你……」、「不要打人」等場面話。

最重要的是，我們感知孩子的方式，以及我們對界線和規則的整體態度，這才是指示是否成功的關鍵。好消息是，一旦這些認知上了軌道，我們雖然仍可能犯下很多錯誤，但我們絕對不會失敗。

把孩子視為一個「人」：二十多年前，我受邀參加一場由瑪麗·哈柴爾（Mary Hartzell）主持的親子教育研討會。瑪麗是一位德高望重的作家兼幼稚園主任。如今我已記不得瑪麗講授的全部內容，但我同意她的方法。我印象深刻的是，觀眾於討論時間熱切地提問，而且所有人的問題都是這樣開頭：「我要怎樣使我的孩子去做……」

父母都希望使幼兒去刷牙、收拾玩具、自己上廁所、自動離開公園，也想要讓孩子停止打人、推人、咬人、隨地吐口水等。由這些父母的問題，特別是多次使用的「使」、「讓」等詞，可以清楚看出父母對孩子的期許，可惜卻用在錯誤的道路上。

這些父母面對孩子的問題，採取了對立的態度，將自己與孩子分為「我們和他們」兩邊，而不是看成一個團隊。每個人都想找到快速見效的修復方式、技巧與操弄戰術，而不是面對面解決問題，建立信任、相互尊重的關係，使守規矩（以及育兒的其他面向）變得更簡單，更能得到獎勵。

當然，如果當時我不是剛受完嬰幼兒專家瑪德．葛柏的訓練，我懷疑我根本不會發覺這一點。

研討會結束的幾天後，我遇見邀請我參加那場研討會的朋友，我向他表示感謝。他口沫橫飛地讚嘆：「瑪麗真了不起，對我的幫助很大。我好驚訝，她教我們要和三歲小孩說話，告訴小孩我們的期望，就像我跟你說話一樣……就像我們和其他人說話一樣。」

「聽起來太棒了！」我回答：「瑪德．葛柏也教我們要和嬰兒說話。」朋友的表情僵住了，他顯露不解的表情，以為自己聽錯了。「真的嗎？」他問，目光呆滯。接著，我倆都停止談論這個話題，當時我不覺得那是進一步解釋的好時機。

嬰兒從出生開始就是有感覺、有知覺的人，準備要與我們建立一段坦誠、溝通的關係。透過相互尊重的關係，所有年齡層的孩子都更願意傾聽與合作。

另一方面，我們試圖使人去做我們想要的事，這或許偶爾有用，但這麼做並不會使我們喜歡彼此，也不會真的教導對方什麼（或許只有不信任）。

我們當人父母，身為溫柔的領導人，指導、身教、展現、示範並幫助孩子做出適當行為，都是孩子是否守規矩的關鍵。

重新定義什麼是有意義的時間：父母身兼兩種角色，有時戴上歡樂的帽子，有時則戴上專業的帽子。當我們戴上歡樂的帽子，我們享受帶孩子的樂趣，感覺與孩子相連、互相關愛。我們很容易辨認這是有意義的時間。

戴上專業帽子的時候，雖然沒什麼樂趣，但也不必是難以忍受的。我懇請一起上課的父母，重新想像以下這些時間，使之變成有意義的時間：從容不迫地面對抗拒上床睡覺的孩子；堅決防止孩子去打狗；耐心地帶離失控的孩子，使他們在我們的陪伴下安全地冷靜下來。

冷靜下來、設置界線，就是有意義的時間嗎？什麼意思？我知道，這與父母的直覺感受背道而馳，但是從孩子的角度來看，我很確定這是對的。

我們必須戴上專業帽子的時候，可能才是最珍貴的有意義時間，因為此時孩子需要我們富同理心的領導，而不太需要我們變成玩伴或是忠實粉絲。我確實相信，孩子可以感覺到，優雅地戴上這頂專業的帽子，對我們來說有多麼困難，所以孩子會測試我們的極限，看看是否能把帽子打掉。

戴上專業帽子的時間也是有意義的時間，請接納這個想法，對於還要上班工作的父母、有多名子女的父母，或沒時間（無論基於何種原因）陪伴孩子的父母來說，無論是定期或只在特定的時間戴上專業帽子，是非常重要的。

當然，我們只有這麼一點時間，寧願用來與孩子一起分享快樂，但孩子往往不需要這種動態行動。他們需要得到保證，擁有我們的認同和支持；他們需要抱怨、抗拒、跺腳、哭泣，以表達負面情緒；他們想知道自己有領導人，在他們說「不」的時候，會幫助他們遵守規則和界限，而不會被他們的不滿嚇倒。

孩子需要家長擔任有能力的領導人（因為很有能力，所以看起來輕鬆自在），而不只是個樂天派，他們必需深深感受到父母在守護孩子的最佳利益、健康與優良品行。

我最大的心願就是成為教育工作者，改變人們對於規則、界線和限制的認知，幫助人們轉化這些名詞的負面形象。唯有不懲罰孩子，並且在同理心和尊重的支撐下，界限與規則才會成為我們該感到驕傲的贈禮，也體現一種最高形式的愛。

有了這種認知，我相信父母和孩子不必爭執，而能更加享受親子的相處時光。

第26章

讓孩子對你生氣

我的文章都是出於個人經驗，不過我很少擔任主角。但這次的故事很特別，是我個人的故事，說實話，分享自己的故事感覺有點冒險，但因為這故事很重要，所以我必須冒險⋯⋯

我有一位完美的母親。我們愛著彼此，關係很好，不過四年半前她去世了。她愛笑，也愛逗人笑，認識她的人都喜歡她的陪伴，其中最愛她的是她的孩子和孫子。她永遠愛我們、支持我們。我總覺得她就在我身旁，是我最大的守護者。

我的母親只有一個缺點：她喜歡講電話。我不能忍受她忽略我們，講上十五、二十分鐘。喔，有時她會去上廁所，還把門關上。（膽子真大！）除去這點，我的媽媽不可置信地完美，我從前這樣認為，以後也永遠會這麼認為。

而我呢，基本上我記得我有個幸福的童年，但我明顯缺乏自信，即使我的外表看似有很多優點，我卻從未因此安心。如今在我工作坊的孩子以及我自己的孩子，就很明顯地有自信。

我在十幾二十歲的時候，演藝事業開始蓬勃發展，使我的不安全感就此扎根。我有一部分的工作是女演員，面對大眾永遠要保持笑顏，面對宴會和宣傳活動隨時隨地要「準備妥當」，表面上我表現得游刃有餘。但在內心深處，我覺得自己快要死了。當時是八〇年代，我當然也酗酒嗑藥，來幫助我建立虛假的自信與安慰，這些是我以前從未經歷過的。

細節我就不詳述了，但上述內容已足以證明二十五歲的我是個情緒炸彈。當我終於放慢腳步，勇於面對內心的惡魔，多年來我迴避、阻擋的情感便一擁而上，幾乎把我淹沒。面對焦慮的隨侍在側，我束手無策，特別是自我厭惡和憂鬱。但更可怕的是恐慌。我整個人陷入混亂，從早哭到晚，不知哭了多久，淚流成河……因此，我認為哭泣使我得到了療癒。

經過幾年的努力，我才慢慢開始進行自我寬恕與接納的程序。

但是，我的問題究竟出在哪？

這段經驗對我來說簡直匪夷所思，現在我有一個二十一歲的孩子，她和當時的我看起來沒有什麼不同。她就像我的另外兩個孩子，一樣穩定、有安全感、有能力、有自信。

所以，我不禁再問一次，我究竟發生了什麼事？

幾年後，我找到一個可能的原因，結果繞回我的母親。當時，我的婚姻幸福，有兩個孩子。有一天我打電話和母親閒話家常，她表達了一個意見（開玩笑的，我敢肯定），引起我的微弱抗議。我家有一個陳年笑話，說我在廚房裡最沒用。這個笑話完全是事實，我無法否認，所以每當有人提起，我總是愉快地附和。

但我成為母親後改變了很多，我成為一個必須負責任的人，學會煮飯餵飽自己和家人。我不覺得別人可以再為我貼標籤，說我是「廚房裡的可憐蟲」。所以，雖然我肯定我的聲調一點也沒變（我記得我從來沒有對母親大小聲），但我的確受到了傷害，出現一點防衛姿態。我對她的意見提出抗議。

她掛我電話。我又打電話給她，但她沒有接。我試了一次又一次。我留下電話留言，但她不願意跟我說話。就這樣過了五天，五天來我焦慮不已，簡直無法呼吸，那是一種恐慌狀態。而奇怪的是，在我內心深處，我知道這種感覺……很熟悉。我不知道這感覺確切發生於何時何事，但我知道我有過這種感受。

最後，我媽終於接我電話了……我們都不再提那件事。我終於可以正常呼吸，感謝老天！我終於可以放鬆了。從此以後我再也不會說把我母親趕跑的話，連想都不敢想。

我親愛的母親從來沒有打過我，也不曾懲罰我，連大小聲都未曾有過。但她顯然不能處理我的情感，使我一產生負面情緒，就覺得自己錯了，是個壞小孩。

所以，如今的我努力去接受孩子的所有情緒，尤其是他們的憤怒……我讓自己的孩子知道，即使他們生我的氣也沒關係，我不會離開。

我一點也不完美，但值得慶幸的是，我與孩子的確很努力，我們一起面對、修復錯誤，坦率地說：「我很抱歉，我沒有耐心。」

誰能無錯？我們是人，我們的孩子更是無比寬容。

第27章

容易遺忘的禮物

「媽媽，看看我！就算假裝一分鐘也好。」

——桑頓・懷爾德《吾鎮》（Thornton Wilder, *Our Town*）

我知道全天下的孩子最想要得到的禮物是什麼，這個禮物連大人也想要，但它很容易被忽略，我經常連續忘記好幾天，甚至好幾個禮拜。有時候要遇到一些極端的狀況，才會提醒我這個禮物的存在。

幾年前，我那獨立的十歲孩子經歷了一段時期，她認為人類不應該洗澡。她每天都有藉口不洗澡。我很想讓她放棄堅持，不再執著於不洗澡。有一天，時機終於到了，我知道我必須強制執行，但我還有點猶豫。洗澡應該是令人期待的愉快經驗，不應該因為憤怒與不滿，讓孩子害怕洗澡。

我很幸運，守護好父母的仙女在我耳邊低吟瑪德．葛柏的魔法咒語，她說：「注意！注意！注意！」使我想起了瑪德對「照顧」寶寶的看法。

瑪德指導家長，餵奶、換尿布、洗澡、睡前時間都要把全部的注意力放在寶寶身上，不可以把這些活動視為討厭的瑣事，想要快速解決。瑪德教我們如何受益於這些親密時刻，要我們放慢腳步，做每一件事、每個步驟，都讓寶寶參與。

我們進行這些活動，要讓寶寶一同參與，而不是幫寶寶做，才可培養互信互重的關係。父母每天都把注意力放在孩子身上，為孩子充電，培養孩子獨玩。

隨著孩子越長越大，父母給予關愛的機會仍不會減少，父母可能會變成在「幫孩子拔掉肉裡的刺」，例如：幫女兒化妝，讓她參加猶太成人禮；睡前和兒子一起躺在床上，聽他抱怨玩伴。所以，雖然女兒現在已經有能力自己洗澡，我還是可以問她是否需要我的幫忙。於是我說：「要不要我幫妳洗頭呢？」最後她溫順地回答：「喔……好吧。」賓果！

你願意整天黏著忙碌的愛人，窮追不捨，還是寧願愛人放下手邊的事，專心與你相處幾分鐘？

孩子不需要電腦遊戲、iPad或迪士尼樂園，他們真正需要的是你真心實意的注意。關注是親子關係的黏膠。請原諒我的感性，但我仍要引用 Hallmark（美國著名卡片品牌）賀卡上的句子：在一起的時刻雖然短暫，但無論是喜是悲，真正重要的是我們相廝相守。

為什麼我們記不住這一點呢？

我兒子剛出生時患有腸絞痛，晚上會醒來哭好幾次，我要拍他一兩個小時，他才會睡著。當時我簡直一團亂，而我的兩個女兒也在適應這個狀況。

我的四歲小女兒產生可預料的情緒波動：一分鐘前她還很愛弟弟也支持我，下一分鐘卻抱怨、哭泣。她顯然在哀悼自己喪失的好日子，過去沒有嬰兒會霸佔她媽媽大量的時間和精力。

我的九歲大女兒則表現得像個天使，但是如果我多注意一點，應該就會發現她發出的紅色警告。她對我沒有任何要求，躲得遠遠的，超出我的雷達範園。我一定是瘋了才會這樣想：「她夠大了，一定能了解。她沒事的。」兒子出生前，我和先生參加了學校的家長會，聽到老師對她讚譽有嘉。大女兒在學校一向是個優秀學生，但是在家裡，她不是永遠完美。唯有對待自己最親近的人（最有安全感的），孩子才會表現出自己最糟糕的一面。

兒子才出生幾個星期，大女兒的老師就打電話到家裡。原來大女兒在課堂上表現失控，她對助理老師回嘴還吐舌頭。她在學校突然變得很叛逆，非常不尋常。當時，我的心一沉，意識到大女兒一定是從我身上得不到「安全感」，所以才沒有對忙得頭昏腦脹的媽媽表現自己的焦慮。於是，她把自己的負面情緒往外面的世界倒，這還是有史以來的第一次呢！

那天放學後，我開車去接大女兒，和她在車上談一談。我問她的感受，拜託她把憤怒、悲傷、失落等她覺得必須對我隱瞞的感覺，通通讓我知道。我描述她可能有的感覺，告訴她那樣是很正常的，是可以接受的。但她說不出來，只低聲說了一兩次：「我不知道。」

她沒有回應，使我不知所措，流下眼淚，但她仍然不發一語。我和她的單向對話進行了三、四十分鐘，但我感覺好像持續了幾個小時。我非常難過，覺得自己就要放棄了，準備帶女兒回家。這時，脾氣一向倔強有主見的大女兒，小聲而痛苦地說：「關心我。」

從那時起，我努力協調，讓女兒知道，無論她拋出什麼狀況，我都可以處理。我每天硬擠出一點時間留給她。當她看見，無論她的表現是好是壞，我都不會驚慌失措，她在學校的行為即恢復正常。我很感激她的老師（有趣的是，女兒一直都最喜歡這位老師），發現問題就立刻提醒我們要改變。

現在回想起來，我知道當時女兒只是需要身為家長的我。無論問題是大是小，重要或無聊，歡樂或痛心，這些都是我生命中最值得珍惜的時刻。給孩子真正的注意與關心的這份禮物，不只可送給孩子，也送給了我。

第28章

我懂你為什麼吼叫

「我發現，當孩子難過、不高興時，我會變成人格分裂的媽媽。一個是善良、有愛心與耐心的Mary Poppins（迪士尼著名真人動畫作品，中文片名譯為《歡樂滿人間》，改編自兒童文學家P.L Travers的同名著作），另一個是完全沒有耐性，動不動就大吼大叫的媽媽。」

——一位憂心的媽媽

你不是唯一對孩子吼叫的人。事實上，根據我自己的經驗，吼叫是家長在育兒時期得到的傳染病，有些人甚至稱之為「新式打屁股」。

為什麼有這麼多聰明、講理的父母會失去控制呢？

我認為父母最後會大呼小叫，是因為父母其實已經做了非常正面的決定，以尊重孩子為前提來設定界限，而不是處罰與操弄。這些父母努力地保持溫柔善良，孩子卻沒有停止測試父母的底線，因此父母越來越沮喪，甚至害怕，覺得自己沒有能力控制孩子。

這也難怪！如果我試圖吸收自己接觸過的所有模糊而矛盾的教養建議，並想藉此教孩子守規矩，我當然三不五時就會失控。許多讓孩子守規矩的觀點與理論都很溫暖、很吸引人，但都帶有一堆可怕的否定條件（不可懲罰，不可獎勵，不可設定隔離時間，不可警告後果。什麼都不可做，卻想獲得權威，讓孩子服從），而且很少發揮實際效用。

如果你老是大吼大叫，請想一想自己是否有以下狀況：

1. **你沒有好好照顧自己**。花時間泡個澡，或和朋友、伴侶約會，這些主意都不錯，但我比較建議從根本解決問題：明白自己的底線與你的個人需求，一開始就和孩子約定界線。是的，即使是嬰兒也一樣。

例如，在相互尊重的前提下（認知嬰兒是一個完整的人，以這種態度與嬰兒溝通），讓寶寶哭幾分鐘，而你則先去洗手間刷牙，做一些必要的例行之事，這麼做是無妨的。你把寶寶安置在一個封閉而安全的地方，告訴他你去了哪裡，而回來的時候一定要認同他的感受。

如果寶寶知道你一定會尊重他的需求，你就可以把這種行為變成每天的習慣，寶寶知道你一定會去而復返。他可能還是會埋怨，這是他的權利，但你只需放心地讓他知道，你有聽到他的埋怨，並接受他的不滿。你可以說：「你不想要我走，你很不高興，不過現在我回來了。」

如果你很敏感，和寶寶待一起總是無法安心入睡，但你為了當盡責的家長，還是決定妥協，與寶寶同睡，這表示你沒有好好照顧自己。

如果你想讓寶寶戒奶，或限制寶寶的吸奶時間卻覺得內疚，這表示你沒有好好照顧自己。

如果你要去廚房煮一杯咖啡，卻不知道該不該離開你愛鬧愛叫的寶寶，這表示你沒有好好照顧自己。

如果你在任何該為自己想的時刻感到內疚，就表示你沒有好好照顧自己。

為了孩子，家中每個人都獻出生活的大半時間，但這對我們來說是不健康的（甚至對孩子也不健康）。許多人為了成為無私無我的父母而忽略自己的需求，在親子關係中幾乎抹滅自我。我們需要個人的界限，孩子需要我們這樣以身作則。這就是為什麼我們的親子關係必須誠懇、真實、尊重，才能從幼兒期到青春期，一直保持簡單明瞭的界線（請注意，我是說簡單明瞭，而不是說容易，親子關係從不容易）。

以下是育兒的事實：嬰幼兒永遠不會授權我們，讓我們照顧自己的需求。「去吧，媽媽，休息一下，這是妳應得的！」孩子永遠不會這麼說，即使他長大了一些，也不會有這類的行動暗示，在母親節更不會有什麼表示。其實事實恰好相反，界線必須由家長來設定，而孩子的責任就是反對、抗議，要求再要求，持續測試我們的底線，直到找到自己固定的位置。

2.照顧寶寶的第一年，你利用分心、討好甚至是操縱的方式，而不是直截了當地設定界線。有一些拒絕懲罰的教養專家曾提出以下說法：「壞消息是，嬰兒常常看到什麼就想要什麼。但好消息是，我們不難轉移他們的注意力。」雖然我尊敬他們，卻對此感到失望。

你的寶寶是個完整的人，一出生就準備要努力與你建立關係。轉移孩子的注意力，其實是在練習逃避，你拒絕建立真誠的連接，以規避孩子的抗拒，即使那是健康的。

你這麼做會為親子建立一種模式，使你日後更難以設定尊重孩子的界線。孩子生命的第一年是真誠設定界線的關鍵時刻，因為在這一年所建立的一切，將永遠成為親子關係的核心。

3.你覺得要為孩子的情緒負責。父母疏於建立個人與孩子之間的界線，或常使用轉移孩子注意力的操弄工具（通常會導致吼叫），主要的原因如下：

(1)他們不相信嬰兒是完整的人，聽得懂大人說的話，也能確實反應。

(2)他們面對孩子的情緒會感到不舒服，無法平靜。

(3)他們認為哭泣必須被避免、制止，只會單向的溝通，認為無論如何讓小孩不哭就對了，而不是耐心地對話。

(4)他們跟著孩子的情緒風暴，一起失望、悲傷、憤怒而不是去了解孩子，讓孩子穩定下來、表達自己。他們不做維護孩子情緒健康必需做到的事。

對孩子與他們的感受抱有不健康的認知，會阻礙孩子的情緒復原力發展，導致父母必需在幼兒期設定更多界線，必需經常拒絕、阻止孩子，或是要求、督促孩子，使你精疲力竭（這將成為常態）。

幼兒特別會測試父母的底線，處於反抗期。但孩子需要藉由這種行為，才能以健康的態度發展出自己的個性。如果孩子每天的情緒波動使你痛苦或內疚，你將不會情願設立界線，你會厭倦，最後變得容易大吼大叫或大哭，這樣對孩子並不健康。

請你跟我這樣說：我只需滿足孩子的基本需求，面對孩子的情緒和情感，我唯一的責任就是接受與認同。

4. **你的期望是不合理的**。你大吼大叫可能是因為你有不合理的期望。孩子是探險家，需要待在安全的空間內任意移動、實驗、調查。要求一個幼兒不跑、不跳、不爬，等於是叫他「不要呼吸」。

打造或尋找一個孩子能夠安全遊戲的空間。如果有個東西或設備是孩子會想要，卻不能使用的，就不要讓孩子接近，免得他們不聽話，使你氣惱。

我們要盡量避免會測試我們耐心的情況，而不是想盡辦法順利、和平地度過每一天。

5.你感到困惑，不知如何才能在尊重的前提下，溫和地設定界線。請加入我們的RIE行列吧。我在前面第22章有很多建議。

6.你不需要陷入權力拉扯。一個巴掌拍不響，所以你不要掉進去。你不是孩子的同伴，你是他有力的領導者，所以不要把孩子正常而健康的測試行為，看成故意找麻煩、故意踩你的死穴而大吼大叫。你應該這麼做：

(1)與孩子眼神相對，堅定地說出界線。例如：「刷牙時間到了。」

(2)如果是可以讓孩子自主的事，請提供一個單純的選擇。例如：「如果你現在就過來，我們可以多唸一本故事書。」

⑶認同、接受孩子的不滿（迎接孩子的感覺，孩子想要抒發多久，你就要認同多久）。「喔，我知道你跟狗狗玩得很開心，很難停止，但是時間到了，真掃興！你真的很不開心、好失望，睡覺時間竟然到了。我懂你的感覺。」

對我們大部分的人而言，以上三點根本有違常理，但的確有用。你越是溫柔而堅定地守住界線，越願意認同孩子的感受，孩子就會越容易拋開抗拒，向前邁進。你總是認同孩子，孩子要怎樣繼續抵抗？這種運用同理心「舉白旗」的教養方式，會奇蹟般地解決親子的緊張關係。

⑷如果孩子仍然堅持不妥協，無論原因是什麼，請去牽他的手（這可以指真的去牽，也可以是一種比喻）。「你一直很不想上樓刷牙，所以我來幫你。」你平靜地牽起他的手，或許可以多說一句：「謝謝你讓我知道你需要幫助。」

沒錯，其實孩子的所作所為，都是為了讓你知道他們需要幫助。一旦你發覺孩子的所有抵抗、衝動、反對，都是在向你求助的彆扭要求，你可能會比較容易停止大吼大叫。

第29章

尊重的教養永遠不嫌晚

我所分享的多數建議都是關於嬰兒。家有幼兒、學齡前或較大兒童的家長經常問我：「我現在改變是不是為時已晚？」

我的回答是否定的：「從來不會。」

他們後續的問題通常是：「太好了，我該從何開始？」

我的回答是，分享一些瑪德・葛柏RIE教養法的方法，並舉我自己的教養經驗為例（如今我的孩子分別是二十一、十七和十二歲）：

相信孩子的能力：RIE教養法的第一個原則是，要對孩子的能力有基本的信任。相信我們的孩子是完整、有能力的人，這是一個自證的預言，可使父母產生無比的信心，造就健康的親子互動。

我們開始相信孩子，他們就有機會向我們展現挑戰生活的能力，例如走路、說話、攀爬、玩玩具、上廁所、閱讀、人際關係、家庭作業、上大學等。透過這些自主奮鬥與成就，我們對孩子能力的信任，會帶來孩子與日俱增的自信。

反之，如果我們不真正相信孩子的能力，認為沒有我們的援助，孩子將無法處理與年齡相當的任務，或者擔心他們會被挫折、失誤、失望與失敗擊倒，反而可能延續孩子依賴我們的惡性循環。

舉例來說，有些青少年需要有人提醒、三申五令才會去寫功課，這是因為有些父母相信，孩子需要被唸才會把事情做好。想要結束這種循環，父母必須讓開、放手，相信孩子有能力應付與其年齡相當的狀況，使完成家庭作業的問題回歸到孩子與老師之間。

要隨著孩子的成長付予基本的信任，就是要盡量減少干擾：

(1) 孩子需要選擇的時候，請讓他們作主——信任孩子的個人學習進程，而不是把我們的決定強加在他們身上。

⑵褒揚孩子獨特的發展過程，而不是注重結果、成就、里程碑。

⑶冷靜地支持孩子度過沮喪、失望與失敗，以平常心看待這些困難卻健康的生活經驗。

⑷即使我們認為自己的方式比較好，還是要讓孩子以自己的方式做事。

鼓勵內部導向和「流程」：只要我們答應放手，孩子將會提醒我們當下的重要性，並傳遞其他重要的訊息，例如：少即是多，簡單最好；欲速則不達；生命不是一場比賽，喜悅就在旅途中。

許多家長用錯方法去幫助孩子，他們不啟發孩子，而是要孩子贏在起跑點，所以不斷鼓勵、給予指導，每天放學再送孩子去補習，例假日塞滿各種活動，行程滿滿。這些家長可能不了解，其實孩子的行程越空，有時間將經驗消化、整合、吸收，才會學得越好。

「……但孩子並不想達成什麼目標，只是想走路。想要真正幫助到孩子，大人必須亦步亦趨跟著孩子，但不要催促孩子跟上進度。」

——瑪麗亞．蒙特梭利《新世界的教育》

（Maria Montessori, *Education for a New World*）

我們如何把過多的刺激，減少成適量的刺激？答案同樣是信任。養育內部導向（意指遵從自己的價值觀，跟隨自己的腳步發展）、熱情的孩子，我們必須鼓勵他們傾聽自己心裡的聲音，這種聲音只有自己聽得見，而且很容易被家長掩蓋。從資源豐富的家居環境開始，讓孩子清楚表達他們進一步的需求。而且不要過度稱讚孩子，使孩子鼓勵、肯定自己的人生旅程與成就，不必尋求外界的獎勵。

接受孩子的感覺，不批判，不急躁：我們最大的挑戰，就是如何讓孩子表達真實的感受，因為多數人都沒有受到父母的這種鼓勵。父母從小告訴我們，我們的表現很傻或做錯了，時常催促我們快一點；有時我們會受罰、被隔離，使我們覺得自己的情感造成他人不舒服，所以我們覺得自我的感受不說也罷。

所以，當我們的孩子哭泣、叫喊、發脾氣、敲地板，我們埋藏起來的這些認知會被觸發，雖然我們不是故意的，但卻會把「拒絕」傳遞給孩子。

此外，順帶一提，我覺得那些專門介紹哭鬧小孩照片和影片的搞笑網站，他們的大量粉絲一定是以前被虐待的受虐者，長大以後變成加害者。他們似乎沾沾自喜，覺得自己有權嘲笑小孩的弱點和失誤。

多數人掩藏了自己的情感，使自己變得低調而慈愛，不想看到孩子受傷或不高興，所以試圖讓他們冷靜下來，向他們保證「沒關係」、「你很好」、「那不過是……」但這些反應是在拒絕孩子，因為孩子不高興時並不會「覺得自己很好」，無論我們講什麼都不能改變事實。我們的「安慰」令孩子混亂、壓抑，我們教導孩子不要相信自己的感受，甚至使他們害怕去感受。

人生有一件事是肯定的：終有一天，我們的孩子會受到情感的傷害，很大的傷害。他們可能被朋友拋棄，不能加入傑出孩子的行列，可能吵輸別人、考試分數低、心碎。人生就是這樣，需要父母用盡力量，閉緊嘴巴，不隨便發言，只是傾聽、點頭並認同。請試著說：「那樣很傷人。」即使你其實想大喊：「他根本配不上你！」「下一次你會做得更好！」

孩子能從父母身上得到的最健康訊息是，我們願意傾聽他們最黑暗的心事和最糟糕的感受，我們會接受、理解他們，即使這些感受是由父母所引起的。
與孩子培養終身的親密關係，就是這麼簡單。

第30章

我可能變成的另一種家長

傾聽你的直覺……不要過度思考、過分複雜化……每個孩子都是不同的……

我經常聽到人們沒有奉行特定教養法的原因，基本上我很同意。然而，我很難想像如果二十多年前我沒有接受瑪德．葛柏的教養法，去撫養我的三個孩子，現在會是什麼樣子。

瑪德的RIE教養法並不是我能夠輕易認同的，但我覺得這些方法很正確。瑪德幫助我釐清混亂的思緒，使我專注於最重要的事情：追求真正的高品質時間，並且從寶寶出生開始，便認同寶寶是一個完整的人，在與寶寶的互相配合中得到特殊經驗。

瑪德教我識別每個孩子的獨特觀點，鼓勵我信任他們的成長，容許他們以自己獨有的腳步發展，尊重孩子強烈的自我意識。瑪德的課徹底轉變我對於嬰兒、兒童、養兒育女和生活的認知。二十多年後，我實在無法想像，要是沒有瑪德，我會是怎樣的家長。

我還記得當時正在學習ＲＩＥ教養法的時候，要轉變成新的思考和行為模式，使我多麼不舒服，有時甚至很痛苦。例如，我要自己記得放慢腳步與嬰兒說話，但是傳統價值觀卻告訴我，嬰兒根本不會明白。

基於以上原因，我很感謝來自波蘭的愛蜜莉亞．波普拉瓦（Emilia Poprawa）與我的信件往來。她像一面鏡子，映照著我學習、應用瑪德．葛柏ＲＩＥ教養法的進程，也映照著全世界成千上萬的家長。

愛蜜莉亞同意我分享她的兩封信。第一封提醒我，身為新任家長，我也有那份想要「做得對」的熱情：

親愛的珍娜：

我非常投入自己正在學習的一切，但也有點招架不住。也許這是因為我發現自己處在一個不平衡的狀態，我必須摧毀以前對兒童發展的所有預設，才可騰出空間讓新的模式浮現。想要將我們的舊方法變成嶄新、有效率、富同理心的反應，的確很不容易。

放慢腳步、活在當下、溫和堅定，完全不是一件容易的事。我一直努力全面地運用RIE教養法，但有時卻覺得我仍陷在舊思維中（當我匆忙度過一天，整天趕時間，不知自己在幹什麼的時候）。我的手非但沒有傳送平靜、敏感與耐心，反而引出我內心的焦慮、盲目和緊促……我的母親是個急性子的照護者，她總是衝來衝去、心不在焉。她的手很粗魯、憤怒、沒耐性，而我照顧兒子的時候，從我的手看見了母親的影子。

我不得不提醒自己，改變的過程往往是痛苦的，如同鈴木俊隆禪師所說：「初學者的心，有很多可能性，但老手的可能性卻很少。」所以，我敞開心靈，深吸一口氣，再試一次，希望能更溫柔，更存在當下。

愛蜜莉亞的另一封信，在肯定瑪德哲學的無價。這也是對我的提醒——提醒我若非如此，我可能變成自己不想成為的家長。

珍娜：

我迎接兒子來到這個世界，已經快一年了，身為家長和照顧孩子的人，我歡迎RIE教養法進入我的生活也快一年了。無需多言，我很幸運也很感激，依循這個已得到驗證的公式，來扶養我的兒子。

這驗證的公式是：奇蹟的愛＋RIE教養法＝自信的寶寶。

我並不是說一切進行得很容易又很美好。在這條路上總有許多顛簸，充滿爭執、挫折、不解，但我發現自己總是能重新取回平衡，從錯中學，繼續前進。如果我從來沒有遇見RIE教養法，我的育兒原本會是——

——我會盡一切力量，阻止我的孩子哭泣，卻不懂哭泣的重要性和意義。

——我會努力防止孩子挫折，因此運用各種方法讓他分心，分散他的注意力。

——我會覺得作為家長，我有義務時時為孩子提供娛樂，告訴他各種事物的運作方式。

——我會支撐他坐著，幫助他走路，教他如何移動。

——我會一把抓起他，完全沒考慮告訴他當下的情況。

——我會花很多錢買看似具有教育意義的玩具。

——我會認為我的孩子是無助的小人兒。

——我會急著把所有照顧小孩的例行公事做好。

——我會看不見兒子其實是個發想者和探險家，有自己的想法。

——我仍會是一個愛小孩而努力奉獻的媽媽，只是比較疲倦、操勞，也肯定不太尊重孩子。

謝謝妳和所有努力推廣RIE教養法的人，我知道有許多家庭都因此發生重大改變，對我的生命也造成了巨大影響！

愛你的愛蜜莉亞

致謝

給麥克（Mike），我英俊的丈夫，才華洋溢的編輯、出版商，與我共同努力的夥伴。這本書出自你的主意，如果沒有你的熱情支持、決心和專注，不可能有這本書。

給瑪德・葛柏，妳的智慧和精神改變了我的生命。而瑪德的孩子，梅奧、黛西和班斯（Mayo, Daisy and Bence），有你們的大力支持，我才能繼續寫作。

麗莎・森伯里（Lisa Sunbury, RegardingBaby.org）是我網路上的第一位「伴侶」。若是沒有妳，我永遠無法通過考驗和磨鍊，也無法承受勝利和心魔。

給ＲＩＥ董事會，尤其是卡蘿、波莉、露絲（Carol Pinto, Polly Elam, Ruth Money），妳們激勵我，輔導我，也堅定地支持我。

給我充滿智慧又熱情的ＲＩＥ課程同事，你們激勵我，與我合作。

給所有網路相關人士，部落客與ＥＣＥ愛好者。感謝大家的教導和鼓勵。我特別要感謝「學齡前教學」黛博拉．斯圖爾特（Deborah Stewart of *Teach Preschool*），「湯姆老師」湯姆．霍布森（Tom Hobson, *Teacher Tom*），「腦洞見」黛博拉．麥克尼爾（Deborah McNelis of *Brain Insights*），「不只可愛」艾曼達．摩根（Amanda Morgan of *Not Just Cute*），以及再度致謝「關於寶寶」的麗莎．森伯里（Lisa Sun bury of *Regarding Baby*）願意完全分擔我的工作。

給我的三個孩子，夏綠蒂、瑪德琳和班（Charlotte, Madeline and Ben）。你們使我每天都充滿自豪與感激，我覺得很榮幸，遇見如此傑出的你們。感謝你們教我生命是什麼，使我和ＲＩＥ教養法看起來很了不起。

建議書單

Your Self-Confident Baby, Magda Gerber, Allison Johnson. Published by John Wiley & Sons, Inc. (1998)

Dear Parent-Caring for Infants with Respect, Magda Gerber. Published by Resources for Infant Educarers (2002)

Peaceful Babies-Contented Mothers, Dr. Emmi Pikler. Published by Medicine Press (1971)

Respecting Babies-A New Look at Magda Gerber's RIE Approach, Ruth Anne Hammond, M.A. Published by Zero to Three (2009)

Education for A New World, Maria Montessori. Published by Kalakshetra Publications (1969)

Endangered Minds, Jane M. Healy, Ph.D. Published by Touchstone (1990)

1,2,3… The Toddler Years, Irene Van der Zande.

Siblings Without Rivalry, Adele Faber & Elaine Mazlish, Published by W.W. Norton & Co (2012)

How To Talk So Kids Will Listen & Listen So Kids Will Talk, Adele Faber & Elaine Mazlish, Published by Avon Books (1980)

Raising Your Spirited Child, Mary Sheedy Kurcinka, Published by HarperCollins (2012)

The Whole-Brained Child, Daniel J. Seigel, Tina Payne Bryson. Published by Bantam Books (2012)

Becoming The Parent You Want to Be, Laura Davis & Janis Keyser, Published by Broadway Books (1992)

Brain Rules For Babies, John Medina, Published by Pear Press (2014)

Calms-A Guide To Soothing Your Baby, Carrie Contey PhD & Debby Takikawa, Amazon

Mind In The Making, Ellen Galinsky, Published by HarperCollins (2010)

"*How Babies Think*", Alison Gopnik. *Psychology* (July, 2010)

Note

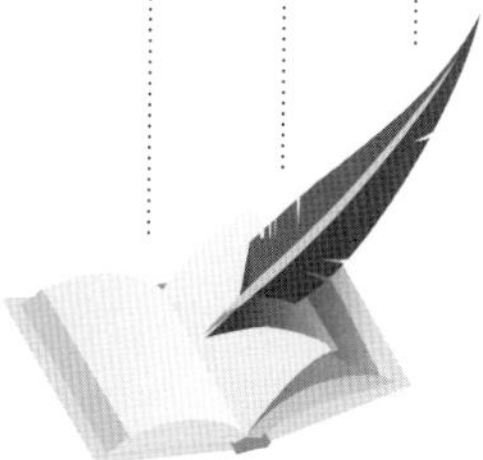

國家圖書館出版品預行編目資料

不打罵也不寵壞孩子的新時代教養法：相信、尊重、等待，讓孩子自信成長 / 珍娜．蘭斯柏作；筆鹿工作室譯. -- 初版. -- 新北市：世茂出版有限公司, 2022.2
面； 公分. --（婦幼館；171）
譯自：Elevating child care : a guide to respectful parenting
ISBN 978-986-5408-62-6（平裝）

1. 親職教育 2. 育兒

428.8 110011990

婦幼館 171

不打罵也不寵壞孩子的新時代教養法：相信、尊重、等待，讓孩子自信成長

作　　者／珍娜．蘭斯柏
譯　　者／筆鹿工作室
主　　編／楊鈺儀
責任編輯／石文穎
封面設計／季曉彤
出 版 者／世茂出版有限公司
地　　址／（231）新北市新店區民生路 19 號 5 樓
電　　話／（02）2218-3277
傳　　真／（02）2218-3239（訂書專線）
劃撥帳號／19911841
戶　　名／世茂出版有限公司　單次郵購總金額未滿 500 元（含），請加 80 元掛號費
世茂官網／www.coolbooks.com.tw
排版製版／辰皓國際出版製作有限公司
印　　刷／傳興彩色印刷有限公司
初版一刷／2022 年 2 月

ＩＳＢＮ／978-986-5408-62-6
定　　價／350 元

ELEVATING CHILD CARE: A GUIDE TO RESPECTFUL PARENTING
by JANET LANSBURY